AI 與數字教育：跨領域的同創共學

何嘉琪　孫芷珊　林詩琦　周華　高樂詩　黃松安　蕭欣浩　崔景恒　黃麗芳 等著

目錄

序言

AI 時代的教育正覺——以智慧為舟，以慈悲為楫

當今世界，科技日新月異，人工智能（Artificial Intelligence，簡稱 AI）以迅雷不及掩耳之勢，重塑教育與生活的面貌。教育界正面臨前所未有的挑戰與機遇，教師的角色不僅在於傳授知識，更在於引導學生在 AI 時代中明辨是非，培養正知正見，以實現教育的深層價值。

AI 技術的進步，如 DeepSeek AI、ChatGPT 等生成式工具，已能高效輔助教師製作教材、設計課程，乃至提供個性化的教學方案，大幅提升教學效率。然而，技術的便利並非教育之全部。學界可以佛法中的「正念」與「覺知」為指引，教導學生在資訊洪流中保持清醒，辨別真偽，培養慎思明辨思維。AI 雖能提供海量資訊，卻無法取代教師在引導學生反思「何為智慧」、「如何持守正道」上的關鍵角色。

佛化教育在 AI 時代尤顯重要。佛法強調「轉識成智」，教人於紛擾中覺察自我、明辨是非。而近年有關佛學上的研究，亦與科學發展並行契合。教師可借助 AI 技術，將佛法智慧融入在不同學科的教學上，或以數據分析輔助禪修教學，深化覺知，培養智慧。此等實踐不僅可以豐富教材內容，更能引導學生將科技化為慈悲與智慧的載體，促進內心和諧與社會共好。

教育之志，不僅在於讓學生熟練運用 AI 工具，更在於培養其成為善用 AI 的覺者。教師應以身作則，展現正念與慈悲，引導學生在科技應用中秉持倫理，讓 AI 成為聯繫善緣、弘揚正法的橋樑。

本書集結眾多教育者的洞見，闡述 AI 如何輔助教材製作、提升教學效能，並探討教師如何在 AI 時代引導學生明辨是非，融合佛法智慧於教育實踐。願此書啟發教師以開放之心擁抱科技，以正念之心引導學生。科技與佛法交融，慈悲與智慧並進，共創和諧未來，普利眾生。

佛教沈香林紀念中學校監
釋衍空法師

序言

馮順寧，現任佛教沈香林紀念中學校長，香港大學文學士、香港中文大學文學碩士，現正修讀博士課程，從事教育多年，致力推動創新學習及生涯規劃，曾任教育局課程發展委員會委員，並多次獲得香港大學「國際傑出電子教學獎」、「第二屆品德教育傑出教學獎」等。

更多的想像會在真實中發生

在當今快速變化的社會中，人工智能正以前所未有的速度改變著我們的生活和工作方式。作為校長，我深刻體會到教育領域同樣受到影響。AI 不僅改變了教師的教學方式，更在學生的學習體驗中扮演著重要角色。

AI 使個性化學習成為現實，其應用讓每位學生都能根據自己的需求和興趣進行學習。通過智能輔助工具，教師可以更好地了解學生的學習進度，針對性地進行輔導，從而提升教學效果。而 AI 另一個核心價值，是能夠輔助教師分析學生表現，掌握學生的強弱，從而制定更有效的培育策略。我校人才庫的建立，正正就是結合同學在學術及非學術範疇的表現數據，再利用 AI 進行分析，為同學建構個人化的學習進程，充分發揮大數據在教育應用的效能。

而「同創共學」的核心則在於協作與共同成長。AI 的引入使教學資源共享變得更加便利，教師與學生可以在更廣泛的社群中共同探索、分享知識。可以預見的是，AI 的應用，能將不同科目的教師有進一步連結，產生跨科協同效應，以前沒有想像過的跨科、跨文化、跨地域的交流，現在都能夠發生——以 AI 製作英文食譜、以 AI 製作九龍城寨的影片；AI 與中華文化承傳的結合、AI 與輔導的結合，都能為教育帶來新思維、新啟示。

未來是一個 AI 的新世代，我們的學生，正逐步邁向成為新世代的數字創作者。在執筆之際，同學們又在 AI 領域上作出了新嘗試，不單單是學習提示詞（Prompt）與圖像生成法，而是融合生成式 AI、創意媒體與多模態學習，每一位同學都在獨立創作一個又一個的 AI 故事繪本及動畫短片。這些技術現時正廣泛應用於商業設計與品牌創作，Netflix 等平台亦聘請專業人員使用此技術，但我們中一中二的同學現在就做到了。

未來，只有更多的想像會在真實中發生。

佛教沈香林紀念中學校長
馮順寧

編者自序

何嘉琪

探索 AI 時代下如何驅動數字教育中跨領域的同創共學

近年來，全球科技迅速發展，生成式 AI 的興起為教育界帶來深遠影響。它不僅改變教師的教學策略與學生的學習方式，更啟發學生的創意思維與自主學習能力。教育正逐步從知識灌輸轉向能力建構與價值引導，這場變革已然展開。

香港特區政府於 2024 年度施政報告中提出要積極推動 STEAM 教育，強調人工智能在語文、科學等學科的應用，透過多元及創新方式激發學生對科技的興趣與實踐能力，培育廿一世紀所需的核心素養。資訊素養在 AI 時代下更顯重要，學生不僅需掌握科技工具，更應具備慎思明辨的能力，從龐大資訊中判斷真偽、作出道德抉擇，在科技與價值之間取得平衡。

佛教沈香林紀念中學（沈中）自 2023-24 學年起，率先推行校本生成式 AI 課程——「同創共學 - Learning for Good」，以 AI 技術為核心，透過中文、英文、科學及科技科的有機結合，設計具跨領域特色的學習活動，並強調科技應用背後的倫理與責任。在學界仍在探討 AI 應否進入課堂之際，沈中已積極實踐，並取得成果，包括榮獲香港大學國際傑出電子教學獎 — STEAM 運算思維金獎及人工智能特別獎，課程更被納入由香港中文大學與教育局合辦的資優教育課程——「藝創香港：創意藝術科技及文化傳承資優計劃」，成為其中一個教授單元。這項合作肯定了課程設計的創新與深度，並為學生提供更高層次的學習平台，促進學術與創意的發展。

同時，沈中創立學界首個生成式 AI 電視台——BSC Culture，並與漁農自然護理署及香港漁民青年會合作製作漁業主題節目，體現學科與聯課活動之間的自然連繫，讓學生將所學應用於現實，提升學習效能與社會參與，並培養創新思維與解難能力。

基於兩年的實踐經驗與來自學界、科技界的肯定，我們決定出版專著——《AI 與數字教育：跨領域的同創共學》。本書回顧課程發展與教學成果，並探討 AI 如何改變學與教的策略、激發創意，轉化為有效學習動機與方法。

撰寫團隊包括沈中創新學習委員會成員，並匯聚科技界、香港多所大學學者與資深教育工作者的寶貴經驗與觀點。在此，我們衷心感謝各界支持與參與，讓這項跨界協作更具深度與代表性，為生成式 AI 教育提供理論與實踐並重的藍本。書籍除了會於香港發行，亦同步於大灣區城市推出，體現香港作為國際創科教育樞紐的角色與願景。

此舉亦契合國家主席習近平提出的「科技創新、科教興國」戰略，以及 2025 年政府施政報告中「打造國際高端人才集聚高地」的方向。特區政府成立「教育、科技和人才委員會」，反映教育、科技與人才融合發展的時代命題。我們深信，教育孕育未來，科技彰顯實力，人才引領發展，而數字教育正是實踐這使命的關鍵一環。

總括而言，沈中的 AI 教育實踐不僅傳授技術，更重視品格與創新能力的培養。「同創共學 - Learning for Good」是一條為未來創造者量身打造的學習之路，幫助學生在科技驅動的世界中自信前行。我們期望此書能為教育工作者、政策制定者及數字教育持分者帶來啟發，並與大灣區、全國及國際同仁攜手，推動 AI 教育邁向新高峰。

“當你堅持投入鑽研一件事，它將逐漸成為你的藝術。”——何嘉琪

佛教沈香林紀念中學助理校長

何嘉琪

編者自序

黃麗芳

感謝佛教沈香林紀念中學何嘉琪助理校長邀請共同編撰《AI 與數字教育：跨領域的同創共學》。數年前在前海粵港澳台青年創新創業大賽香港賽區中學組比賽正式認識，此前大家常在比賽中相遇，只是大家身分不同。不過我們卻共同擁有推動新一代參與創科的熱誠。大家也在「第二屆同創共學 -AI 咒語繪畫師」比賽上合作，一同推動 AI 在跨學科的應用。

這本書的成功完成，實在有賴一眾來自創新科技界好友的鼎力支持，包括黃錦輝教授、陳曉峰律師、洪爲民教授、李煥明博士、張介聰老師、梁思韻議員、梁淑寶女士、鄧咏堯老師、楊庭軒先生、何仕明先生、黃衡哲先生、劉光曆先生、張志強博士（排名不分先後），以及由本人特別邀請，金筆賜序的前輩好友，包括兩個共同出版的單位互聯網專業協會會長冼漢迪 MH JP、香港菁英會主席林智彬先生（2023-2025 年）及黃進達先生（2025-2026 年），還有邱達根議員、李漢祥主席、吳宏偉講座教授、張澤松教授、霍偉棟教授、蘇曉婷女士、朱子昭先生等，您們的支持對我們各位同工十分重要，也促成了今次的跨界別合作，實在別具意義。

作為一名正在修讀人工智能相關課程的媽媽，我也希望把這本書獻給各位家長、同學及教師，科技並不是遙不可及，只要在日常生活中應用，就能慢慢地掌握當中竅門；只要願意踏出第一步，其實並不是想像中那麼困難，用得多就自然順暢。當然生成式 AI 並非萬能，很多答案還需要人腦的判斷及修定，但那怕只節省少於百分之五十的時間，已經是效率的提升了。

早前在香港教育城的業界討論會上，有業界朋友説數字教育的應用多數集中在「頭部學校」。這本書的推出就正正告訴大家，不分學校組別，教師們、同學們、家長們也可以參考書中的案例或應用場景，了解實際上操作。不是贏在起跑線，而是在完成任務的終點感受目標達成的滿足感。期待各位讀者一同享受這個閱讀旅程。

互聯網專業協會副會長
香港菁英會副主席
黃麗芳博士

冼序

冼漢迪先生 MH JP，現任第十四屆全國人大代表、政協天津市第十五屆委員會常委、香港特別行政區選舉委員會委員（科技創新界）、創新科技及工業局創新科技與產業發展委員會委員、大學研究資助局委員、人工智能資助計劃委員會主席、互聯網專業協會會長等社會職務。擁有斯坦福大學工程經濟系統及運籌學碩士學位；卡內基梅隆大學計算機科學（數學）、經濟學、工商管理專業三個學士學位。

1997 年香港回歸祖國時學成歸港，在多家著名國際投資銀行工作 12 年，協助多家國企及大型民企在港上市。2009 年創業，先後成立中手游、國宏嘉信資本，現在是一名粵港澳大灣區企業家及天使投資人。在促進兩地合作、大灣區融合、科技創新、青年交流等方面都有顯著貢獻。

曾獲香港創新領軍人物大獎、香港青年工業家獎、最佳財智人物、中國文化產業十佳投資人物等獎項。

推動人工智能　跨界融合發展

國家高度重視人工智能的發展，連續兩年在政府工作報告中部署「人工智能 +」行動，意義深遠。「人工智能 +」

的「+」即跨界融合發展，體現在人工智能支撐經濟社會轉型，賦能產業智能化升級。例如，人工智能在新藥領域的應用，促使研發周期縮短約百分之三十至五十，研發成本降低約百分之五十至七十；在工業質檢的應用，促使缺陷識別率達到百分之九十九，甚至更高。可見，「人工智能 +」的跨界融合發展潛力滿滿。

香港在「人工智能 +」方面的實踐更具特色。例如，由創新香港研發平台（InnoHK）資助的香港生成式人工智能研發中心所研發的「HKGAI V1」大模型融合了本地知識庫，其應用系統可提供香港法例及案件參考、粵語問答等；AIR@InnoHK 則聚焦人工智能在金融、醫療、建設、物流及製造業等領域的創新應用，將為香港人工智能的跨界融合發展提供有力支持。此外，香港正在通過一百億元的「創科產業引導基金」、三十億元的「人工智能資助計劃」等政策措施，以及建設數碼港的人工智能超算中心、成立香港人工智能研發院等，積極營造一個有利於人工智能發展的生態環境。對於新生代來説，人工智能是驅動新質生產力的重要引擎，將推動生產關係的全局性變革，重新定義人類社會的生產生活方式。同時，「人工智能 +」將為香港乃至大灣區不同城市的青年新生代帶來莫大機遇。我們宜一同發揮香港的國際化及科研優勢，在技術落地、區域協同和治理創新中形成差異化競爭力，以更好與大灣區城市互補，共同打造領先全球的人工智能發展高地。

序

互聯網專業協會自從 1999 年成立以來，積極推動科技的發展。我們對青年發展尤為關注，更在 2001 年起開展「學界親親上網大行動」，透過講座與工作坊，積極向同學及家長推動科技普及。現時行動每年服務同學超過一萬人次，是推動數字教育的先驅。這些優秀成績實在有賴各行業的共同努力，才能使科技應用發光發亮，發揮更大的影響力。

2024 年，互聯網專業協會與佛教沈香林紀念中學、資訊科技教育領袖協會（AiTLE）一同在「第二屆同創共學 - AI 咒語繪畫師」比賽及工作坊上合作。並在 2025 年再度攜手，一同出版《AI 與數字教育：跨領域的同創共學》一書，旨在為教師及同學提供不同的生成式 AI 教學案例。本會榮幸參與其中，展示科技界與教育界的跨界別協作。感謝本會的副會長黃麗芳博士統籌這個有意義的項目，也感謝貢獻文章的常務理事黃衡哲先生、何仕明先生，以及榮譽會長洪爲民教授、會員黃錦輝教授、李煥明博士、陳曉峰律師等。感謝大家在推動數字教育上的努力及付出。期待各位讀者能夠從各位學者、專家及教師的分享中得到裨益，為推動香港創新科技發展和國家數字教育發展作更大貢獻。

第十四屆全國人大代表
互聯網專業協會會長
冼漢迪 MH JP

何序

何俊賢先生, BBS, JP 現任珠海市政協常委，同時擔任漁農業諮詢委員會委員、漁業持續發展基金諮詢委員會委員及農業持續發展基金諮詢委員會委員。何議員亦擔任廉政公署事宜投訴委員會委員，民建聯執行委員會委員。此外，他更擔任香港漁民團體聯會會長、新界社團聯會副會長、港九漁民聯誼會會長及香港漁民青年會會長，同時亦他在廣東省港澳流動漁民協會擔任副會長。

善用 AI 及科技，為社會發掘更多可能性

「近年，AI 正以顛覆性的力量重塑各行各業，並為各行業帶來了嶄新的機遇。近年更與漁農業持續發展有著密不可分的關係。

在 AI 強大的數據處理和分析能力，能夠實現對漁農業生產全流程的精細化管理。它可以根據氣象、土壤、水質等多維數據，為農作物種植和水產養殖提供科學決策，優化生產方案，提升產量與質量，助力漁農業的可持續發展。當中包括：魚類監測與評估、養殖環境監測、精準投餵、施肥、灌溉、作物監測與病蟲防治，以及漁農產品質量檢測等等。

在推廣方面，AI 生成的多媒體內容生動直觀，能讓公眾更深入了解漁農業的魅力與價值，拉近城鄉距離。同時，跨學科的同創共學是 AI 時代的關鍵。不同學科的專業知識相互碰撞融合，才能最大程度發揮 AI 在漁農業領域的潛能。

本書聚焦生成式 AI 時代下跨學科同創共學，為各界提供了珍貴的思考與實踐方向。希望讀者能從中汲取智慧，共同探索 AI 與各行業和漁農業結合的更多可能，推動社會邁向更高台階。」

以上大約四百字的內容，是我以 AI 軟件，輸入約二十字的提示詞生成，當然也經過了我少許的修改才告完成。前後也只是用了約十分鐘的時間，便完成了一篇過往可能要半小時才能完成的內容。以這種方法為作品寫序，除了更具意義，我認為更能幫助我表達對 AI 的一些想法。

AI 無疑為生活和工作帶來便利，對於並非 AI 專家的我而言，僅僅需要以前約三分之一的時間，便可完成一篇文章。不過在生成的過程中，我能否不經修改、調整便交出這篇文章？答案也是顯而易見的。因此，儘管 AI 是如此方便，但我更希望大家發揮我們人類的重要性，善用 AI 讓事情做得更好。

近年社會有聲音指 AI 或會取代人類。古往今來，隨著時代改變，有工種被取代而消失實在常見。重要的是「人」仍在，面對時代變，人也要變——不可墨守成規。更重要的是要懷著一顆向善的心使用科技和 AI。以此送給所有讀者們。

立法會議員（漁農界）
何俊賢議員, BBS, JP

邱序

自 2000 年以來，邱先生一直是推動香港科創發展的重要力量。他是科創政策的積極倡導者、資深企業家和投資者，被視為香港科創界領軍人物。

除擔任立法會議員外，邱先生現時是香港資訊科技聯會會長、「產學研 1+ 計劃」督導委員會主席、香港貿易發展局資訊及通訊科技服務委員會主席、醫管局資訊科技服務委員會主席，以及中國香港壁球總會主席。

STEAM 教育與 AI 輔導的融合

成功的經濟體一般依靠高技術人才，這樣才可以立足於日趨知識型及以創新為主的國際經濟宏觀環境。STEAM 教育能夠培養學生慎思明辨思維的能力，啟迪科學精神。全球已就 STEAM 推動了不少教育改革，當中將人工智能技術引入教與學中，相信也是一個備受期待的新發展。

1984 年，美國教育心理學家 Benjamin Bloom 發表了一篇極具影響力的論文。他發現，相比傳統課堂和總結性考試，一對一輔導和連續性的評估能明顯提升學習表現，同時減少學生之間的成績差異。可是，為每位學生提供一對一輔導的社會成本極高，現實上無法大規模實踐，因此全球教育學者一直在探索各種「替代方法」。現今中小學普遍採用的小組教學、分層教學、糾錯式回饋、自習課題等，其理念都是源自 Bloom 的研究。這些「替代方法」各有優點，但仍然未有一種在統計上被証實是與一對一輔導同樣有效的。

人工智能可能就是這個問題的突破點。像 ChatGPT 這樣的生成式 AI 模型使實踐大規模的一對一輔導在技術上變得可行。目前，即使來自貧困家庭的學生大都能負擔得起基本規格的平板電腦。相信在不久將來，專為教學而建構的中小型語言模型會成為學習輔導機器人，為每位學生就著每一個學科提供個人化指導和即時反饋。這些機器人會在課堂上互相協作，讓學生掌握與他人合作和共建解決辦法的能力。最後，這些機器人將學習數據上載到教師自己的人工智能系統，以便作出監察和分析。這一切都意味着教師的工作將會改變，由以往向一群學生講解課本內容，轉變為引導學生有效率地使用手上的 AI 工具。也就是說，教學不再是僅僅給學生一個答案，而是以一種有助於他們學習的方式來呈現答案。

本書可說是以上發展路徑的嘗試初期，既讓教師吸收新知識，也鼓勵他們以開放的心態迎接新科技對教學工作的助益。科學本是為了解決疑難和探究人類未知的領域。無論通過人工智能或其他形式的 STEAM 教育，我認為要旨還是激勵學生在學習過程中保持好奇心，利用創新方法解決現實生活的難題，為香港的持續發展培育人才。在此過程中，由於科技日新月異，教師也要保持終身學習，才能夠將新思維和新方法貫徹落實到教學工作上。

立法會議員（科技創新界）

邱達根議員

李序

李漢祥先生現任環球管理諮詢有限公司董事總經理，經驗豐富的人力資源管理及策略計劃顧問。曾在零售、資訊科技、保險業界多家跨國企業擔任高級行政人員。就業書籍《青雲路線圖》作者。熱心教育事業，扶掖後進，現任香港教育城董事會主席、香港教育大學校董會成員、社會福利諮詢委員會成員、語文教育及研究常務委員會成員、整筆撥款督導委員會成員等公職。曾擔任嶺南大學、香港城市大學及香港公開大學校董會成員。2014 年獲香港城市大學頒授榮譽院士銜，以表彰他為城大服務並促進其發展的傑出貢獻。

教育當下，智創未來

今年是香港教育城（下稱教城）成立二十五周年，一直以來香港教育城是學校的重要夥伴，我們致力為教師、同學及家長服務。香港教育城提供一站式的專業教育網站，結合資訊、資源、社群與網上服務於一身。成立以來，教城不斷推陳出新，以「教育當下，立足未來」為願景，致力推動並支援全港學校實行電子學習及創新教育。

欣聞一群來自中學、大學、大專院校的教師，聯同來自

序

AiTLE、互聯網專業協會、香港菁英會等業界領袖，共同合著《AI 與數字教育：跨領域的同創共學》，展示跨界別協作推動人工智能教育的可行性，這也和香港教育城為教師、同學、家長的工作方向十分匹配。

這本書有多個章節的作者，是我認識多年的業界好友，能為他們寫序，也是彼此深厚友誼的見證。相信這本書會成為一個優秀的香港教學應用案例，與大灣區各城市的教育同工分享，令大家了解到香港在數字教育方面，也是緊緊跟隨國家的步伐與節奏，與時並進，一點也不怠慢鬆懈。

期望不同的持分者能從這本書的不同章節中得到啟發，在教學、學習或日常生活中應用，用 AI 去提升學習效能，得到莫大裨益。

香港教育城董事會主席
香港教育大學校董會成員
李漢祥

吳序

吳宏偉教授現任香港科技大學（廣州）副校長、分管研究生教育和教務、以及中央研究設施。吳教授亦是港科大霍英東研究生院院長、中電控股可持續發展冠名教授、土木及環境工程系講座教授、國家教育部長江學者講座教授、英國皇家工程院院士、以及香港工程科學院院士及副院長。吳教授亦曾擔任國際土力學及岩土工程學會主席（2017-2022）、為該學會自 1936 年成立以來首位中國人主席。

吳教授於 1993 年在英國布裡斯托大學獲得博士學位、隨後在 1993 年至 1995 年期間在英國劍橋大學從事博士後研究工作、當選英國劍橋大學邱吉爾學院海外院士。他 1995 年返回香港並加入香港科技大學擔任助理教授、並於 2011 晉升為講座教授。吳教授亦為中國力學學會岩土力學專業委員會副主任、英國土木工程師學會、美國土木工程師學會及香港工程師學會的資深會員、擔任《加拿大岩土工程學報》的主編。

吳宏偉教授是土力學與生態岩土工程領域的世界領軍學者、共指導超過了 60 名博士研究生（Ph. D）和 60 餘名研究型碩士研究生（M. Phil）畢業、並在國際學術刊物上發表 SCI 論文 390 餘篇，發表學術會議論文 250 餘篇。吳教授在六大洲的重要國際學術會議上作特邀和主題報告 100 餘次。吳教授作為第一作者撰寫了 3 本英文學術專著、包括 2004 年由 Thomas Telford 出版的《Soil-structure Engineering of Deep Foundations, Excavations and Tunnels》、2007 年和 2019 年分別由 Taylor & Francis 出版的《Advanced Unsaturated Soil Mechanics and Engineering》和《Plant-Soil slope Interaction》。

生成式 AI 掀起的教育變革

在當今時代，生成式 AI 猶如一股洶湧澎湃的浪潮，正深刻地改變著我們的生活、工作與學習模式。它不僅在技術層面帶來革新，更在教育領域中掀起了一場前所未有的變革。《AI 與數字教育：跨領域的同創共學》這本書，恰似一座燈塔，為我們在這一時代浪潮中探索教育的前行方向提供了指引。

本書內容豐富多元，涵蓋從 AI 在創新教育及數碼素養培養中的應用，到其在資訊科技、英語、中文、科學等學科領域的具體實踐，再到與藝術、思辨教育、程式設計技能、自主學習等教育關鍵要素的深度融合，以及家長如何借助生成式 AI 協助子女課業等多方面內容。這些內容充分展現了生成式 AI 在教育領域中，跨學科應用的廣闊天地，讓我們看到其為教育帶來的無限可能，也讓我們深刻認識到，教育不再局限於傳統單一學科的教學，而是通過跨學科的同創共學，激發學生有更全面、更深入的思考與學習。

然而，這場變革並非一帆風順。AI 對教育的衝擊，引發了諸多關於教育本質、教學方式、人才培養目標等方面的深刻思考。本書並未回避這些問題，而是將其納入在探討範疇，試圖在擁抱新技術的同時，堅守教育的核心價值。這是一場關於教育的深刻探索之旅，既需要我們勇敢地邁出步伐，去嘗試、去創新；也需要我們謹慎地思考，去辨別、去選擇。

願每一位讀者都能在這本書的引領下，開啟一段意義非凡的探索之旅，共同推動教育在生成式 AI 時代中邁向更加多元、創新與包容的未來。

香港科技大學（廣州）副校長
香港科技大學霍英東研究生院院長
香港工程院院士
英國皇家工程院院士
吳宏偉講座教授

張序

很高興能夠為這一本全新的書籍撰寫序，當中包含了各個領域的專家、學者、家長，從不同方向探討在人工智能的時代下，不同學科如何能夠聯動起來。值得留意的是我們所學習的知識技術是沒有邊界的，不同學科亦是我們透過多年的教學和學習所延伸開來的。這樣亦解釋了為甚麼在文藝復興年代，更多科學家，亦都是身兼數職的藝術家。所以在人工智能的年代，我們更需要著重的是如何讓學生學得更好，讓學生掌握思考的過程，整理和分析資料、明辨是非的能力，以及掌握與 AI 數字人、身邊同學、朋友、協作夥伴共同合作的能力。特別要重點提及推動培養同理心的重要性。

本書從多角度探討在人工智能的年代，學生需要掌握信息的真確性和重要性，同時亦從家長的角度分享了如何協助孩子們的學習。記得在 1998 年的時候，Google 的誕生以及 2004 年 Gmail 的出現，互聯網已經成為我們生活中的一個最基本的元素，就像水和電一樣；科技日新月異的潮流永不間斷，我們亦不必過分雀躍，以平常心去迎接科技的出現。我經常提醒學生們：在學校最需要學習的是自學和掌握學習的能力。從「少林寺下山」的時候，便是每天能夠運用和提升自我能力的機會。

人工智能的出現，讓我們更加機不離手。我們更加需要突顯作為人的本質，需要花更多時間與身邊的親人、朋友、同學保持緊密溝通。現在在職場中遇到工作壓力時，第一位傾訴的對象可能並不是身邊的摯友，而且是人工智能。所以在大學的教育裏，我們現在推動的是兩個方向的發展：

一、建立個人化的學習。讓學生在學習時透過人工智能，了解自己在學習知識上的空白位置，讓相關的知識概念能夠掌握得更紮實，從而推動知識和技能的全方位提升。

二、推動團體式的學習。一般課堂所推動的是在課室裏，教師慢慢教授相關知識，同學們慢慢的吸收，這是單向的學習模式。現在所推動的是互動性的學習、啟發性的學習、創新性的學習。只要讓同學們在課堂前，透過教師預先準備的教材，已經了解了相關知識。回來課堂後，主要的學習方向是引導討論，讓同學們將所學的知識運用出來，當中包含了同學們的互助學習模式。

「一小時編程香港」在 2014 年正式引入香港，一方面推動的是教授編程知識，讓香港更多年輕同學、家長、長者，認識甚麼是運算思維和科技年代的基礎語言。另一方面，活動所推動的是，希望年輕學生可以將所學所長教授予身邊的同學。這是一個非常難得的互相學習機會，同時要學生作為課堂的小助教、小教師，從另外一個角度了解課堂結構，以及從教授者的角度了解如何學習。這樣的課堂可以讓不同參與者在不同範疇，都有技能和知識上的增長。活動推行了超過十年，當中參加的學生和家長數以萬計，我們亦很高興看見當初的小學生，今天已經在修讀大學課程或已經大學畢業了。

我經常提醒孩子和學生，面對快速發展的潮流，我們更需要的是坐下來，靜心觀察甚麼是重要的，不要隨波逐流，五十年不變的知識顯得更格外重要。因為這是能夠經歷時代的洗刷，在科技高速發展的年代，我們要更珍惜身邊關心和幫助我們的家人、教師和朋友。相信讀者能夠在這本精心設計的書籍中獲得重要的信息，亦感謝兩位主編的邀請以及來自各個領域的專家，朋友濟濟一堂。祝賀！

香港城市大學協理學務副校長（數碼學習）
張澤松教授

霍序

欣聞佛教沈香林紀念中學何嘉琪助理校長繼《AiTLE 生成式 AI 教材系列 探索 AI 圖像生成與機器學習 如何驅動跨學科的同創共學》成功出版之後，在 2025 年再接再厲，撰寫《AI 與數字教育：跨領域的同創共學》。今次不單邀請來自中學及大專院校的教師撰寫內容，同時更邀請互聯網專業協會、香港菁英會等在資訊科技界默默推動 AI 發展的業界朋友合著新作，實在與香港的數字教育策略發展中「促進學界及跨界別協作，推動香港數字教育的發展」不謀而合，成為一個很好的學界與產業合作的案例典範。

這本書不單含有人工智能教育應用在不同科目的實際案例，也展示教師、學生，甚至是家長可以如何應用人工智能協助孩子學習，更把與人工智能息息相關的話題如元宇宙、藝術科技、區塊鏈、法律、開放數據、編程等等和讀者逐一剖析，展示現時人工智能可應用於教學及職業教育中的各種場景，實在是一本既方便又實用的工具書。此外，此書也有更深層次地反思人工智能對新一代教育的衝擊，實在值得不同持分者去反思，青少年需要些甚麼知識、技能、態度與素養去迎接人工智能的飛速發展。

期望各位作者繼續保持這股推動數字教育的熱忱，以政、產、學、研團結力量，使人工智能教育能進一步向同學推展，為新一代賦能，以工程思維、科學精神，為國家作貢獻。

香港大學工程學院副院長（學生拓展）
霍偉棟教授

張序

Game Changer

人工智能引發的工業革命為人類帶來無限機遇。它能引發設計靈感，處理繁瑣細節，大幅降低生產門檻，使創作者無需耗費大量時間或依賴助手，即可高效、低成本地將創意轉化為產品，讓更多中小型創作者脱穎而出。

隨著「一人公司」的興起，未來人們或許不僅能輕鬆創造產品，還能「創造職業」，以個性化方式發揮才能，滿足社會多樣化需求。

對教育工作者而言，如何培養學生成為 AI 世代的適應者是當前的重大挑戰。我們應引導學生將 AI 視為「創意夥伴」，而非僅是尋找答案的「搜尋工具」。

香港大學電子學習發展實驗室教育顧問
張嘉豪 Karl Cheung

黃序

黃先生於 1990 年起開始其教學生涯，曾任職於買位、津貼、直資及私立獨立學校。現為英華書院資訊科技統籌，同時亦為資訊科技教育領袖協會主席。該會為一教師專業團體，以透過不同活動推動資訊科技輔助教學，提昇學與教效能為主。黃老師曾任及現任 Google Educator Group (GEG) Hong Kong Leader，教育局、考評局、教育城、優質教育基金不同委員會之主席或委員。同時亦為僱員再培訓局及多所中小學的 IT 顧問。

生成式 AI 打破傳統教育界限

自 1990 年投身教育以來，我有幸在本港不同類型的學校服務，親歷資訊科技如何從輔助的角色演變為推動教育創新的關鍵力量。近年生成式 AI 的迅速發展，不僅改變了社會運作模式，也深刻影響了教學設計與學習方式。作為資訊科技教育推動者的其中一員，我一直相信：「唯有教師走在變革前端，學生才能與未來同行。」

去年，佛教沈香林紀念中學教師團隊與資訊科技教育領袖協會（AiTLE）攜手出版首本 AI 教學專書，廣受學界好評，成功激發不少前線教師積極探索應用 AI 教學的可能性。

這股正向能量，促成了第二本專書的誕生。

本書的特色，在於從不同持分者的視角切入探討 AI 教學——包括來自佛教沈香林紀念中學教師團隊、大學學者、資訊科技教育及資訊科技教育界代表，大家集思廣益，共同描繪 AI 融入教育的多元樣貌。其中，學界貢獻尤為精彩，一系列跨學習領域的教學活動事例，展示了如何透過 AI 促進語文學科、人文學科與科技學科等的整合，打破傳統界限，建構具創意與深度的學習經驗。

本書不僅著重技術應用，更強調教育初心。透過提示詞設計、圖像生成、AI 動畫創作、學生主導項目等豐富案例，學生得以發揮創意，培養解決問題的能力，並在與 AI 互動的過程中，建立起慎思明辨、靈活應變與資訊素養等核心能力。更可喜的是，部分教學成果已延伸至社區實踐、跨校協作與創意比賽，充分體現「從學習走向實踐，從課堂走向世界」的教育價值。

謹此感謝所有參與本書撰寫的教育同工與夥伴，特別是佛教沈香林紀念中學團隊連續兩年所付出的努力。願本書能成為教育界推動 AI 教學的實用資源與靈感泉源，攜手共創一個「人機共學、創意共生」的未來教育新篇章。

資訊科技教育領袖協會（AiTLE）主席

黃健威

蘇序

隨著生成式 AI 的迅猛發展，我們正處於一個科技突破與社會變革交織的時代。AI 技術正以難以想像的速度影響着我們的生活方式、工作模式，甚至是知識的傳播與學習的方式。作為香港本地流量最高、最具影響力的互聯網媒體之一，我們深刻體會到科技如何改變人類的溝通、創作及知識共享方式。AI 的出現，不僅是技術的進步，更是一場對人類未來認知的深刻挑戰與重新構建。

生成式 AI 的潛力無疑是巨大的。從創作精美的藝術作品，到輔助醫療診斷，再到教育領域的革命性應用，AI 已經不僅僅是工具，更是跨越學科界限的重要橋樑。對於社會來說，AI 的普及將重塑我們的工作方式，提升效率並創造更多可能性；而對學界而言，AI 更是推動知識進步和啟發創意的催化劑。如何在這個充滿挑戰與機遇的時代，利用 AI 技術來促進跨學科的「同創共學」，是每一位教育工作者與科技從業者需要共同探索的重要課題。

佛教沈香林紀念中學是次推出的《AI 與數字教育：跨領域的同創共學》，恰如其分地回應了這一時代命題。本書以豐富的案例、深刻的見解與多樣的實踐，全面展示了如何結合 AI 技術，將語文、科學及其他學科進行創新性結合，為學生提供更豐富的學習體驗。沈中的努力不僅體現在生成式 AI 課程的設計與實踐中，更通過榮獲多個國際及本地大獎，充分證明了其在 AI 教育領域的卓越成就。

更重要的是，本書的出版並不僅僅是為了展示沈中的教學成果，亦為探索生成式 AI 在教育界的應用提供了寶貴的參考價值。它不僅凝聚了香港本地學界與科創界的智慧，更將視野拓展至大灣區，為區域內的教育合作提供了啟發與示範。這種跨地域的協作，充分體現了香港作為國際創科中心的重要角色，並為推動「科教興國」的戰略目標貢獻力量。

AI 的發展並非僅僅關乎技術本身，它同時也是對人類價值、倫理與未來願景的深刻拷問。如何在技術進步的同時，培養學生的慎思明辨思維、創造力與人文素養，是教育界需要長期關注的議題。本書提出的「同創共學」理念，不僅強調技術學習，更注重學生的資訊素養與跨學科能力的培養，這種平衡發展的視角無疑為 AI 教育提供了重要的方向指引。

這本書的目的和願景非常明確，即通過教育和科技的融合，推動社會進步和培養人才。我深信這本書將成為 AI 教育領域的重要參考資料，激勵更多人參與到 AI 教育的實踐中來。同時，書籍版税收益全數捐贈給慈善機構，用以支持有需要社群的 AI 學習需求，這種公益之舉更是可嘉。

最後，我要感謝主編邀請我撰寫這本書的序言。這是一個機會，也是一項責任。我希望我的序言能夠激勵讀者對 AI 教育抱持開放的態度，鼓勵他們探索、創新，為香港和國家的未來作出積極的貢獻。讓我們共同期待生成式 AI 在教育與社會中的更多可能性，並攜手邁向一個創新與共融的未來。

《香港 01》董事及行政總裁
蘇曉婷 Andrea

朱序

朱子昭先生是新城廣播有限公司總經理（節目規劃及頻道運作），擁有豐富的媒體管理與節目策劃經驗，帶領團隊推動廣播內容多元化與創新，提升本地廣播質素，並積極參與業界發展。

在 AI 浪潮下
如何運用好這「智慧夥伴」

很榮幸得到黃麗芳博士邀請，為這本別具意義的、聯合多位作者撰寫的新作，寫下這篇推薦序言。在生成式 AI 時代，學習與創新正迎來前所未有的變革。《AI 與數字教育：跨領域的同創共學》一書，集合多位專家，包括黃麗芳博士，深入剖析 AI 如何滲透學童日常學習、家長輔導、STEM 教育，以及跨學科應用等多個層面。生成式 AI 不僅提升了學生的創造力與數位素養，更改變了獲取知識與合作的方式。

書中強調，AI 時代下學習不再只是單向的知識灌輸，而是強調互動、協作與共創。例如，學生可運用 AI 圖像生成、協助寫作，甚至學習如何「閱讀」與「指導」AI 進行編程，從而減少對死記語法的依賴，將重點放在解難與創意表達上。同時，家長也能運用生成式 AI 協助子女完成課業，促進親子間的學習互動。

在這場變革的歷程中，我認為更重要的思考點，是面對 AI 生成的偵測與學術誠信的挑戰。書中亦提出如何培養學生的媒體素養與倫理思辨，避免抄襲與依賴 AI 帶來的學習問題，讓學生在科技的輔助下，成為負責任的知識創造者。

此外，作者們探討在有限的 STEM 課時內，如何平衡 AI 應用與編程技能的學習，並思考是否仍需精通傳統編程。隨著 AI 成為「智慧夥伴」，未來的學習場景，將更強調人機共創與跨學科融合，推動教育從知識倉庫蛻變為創新引擎。

這書不僅為教育工作者、家長和學生提供具體指引，更啟發像我一樣，從事傳統媒體及新媒體內容創造工作的同業，深層思考如何在 AI 浪潮下，發揮人類創意與同理心，攜手開創知識共舞的新時代。這書一定要細讀！

新城廣播有限公司總經理（節目規劃及頻道運作）
朱子昭

林序

林智彬太平紳士是香港菁英會第十七屆執委會主席，福建省政協委員兼文化文史和學習委員會副主任，中華全國青年聯合會常務委員，福建省青年聯合會副主席，香港特別行政區第六屆選舉委員會委員，青年發展委員會非官方委員、社區投資共享基金（基金）委員會委員，香港中華總商會常務會董兼創科及產業委員會主席。

林先生現為福萬集團有限公司總裁，公司玩具設計及生產。林先生熱心於香港青年發展，2023 年起經由香港菁英會營辦 Home[2] 青年宿舍，至今已為近 200 位青年解決其住宿問題，並已舉辦了超過 200 項活動讓青年在宿舍生活中增值自己。2024 年與外交部駐港特派員公署合作，到各區舉辦「外交菁英講堂」系列，讓香港學生更了解基本的外交知識，至今參加人數已過千人。2024 年復辦了博鰲亞洲論壇青年論壇香港會議並擔任了籌備委員會顧問，活動請來了 11 個國家的嘉賓，吸引了 2,500 人次出席活動。

讓 AI 成為香港青年的創新夥伴

2022 年 11 月 30 日 ChatGPT 橫空出世，讓 AI 一下子參與到人類的日常生活之中。這幾年間，AI 的產出，不論是文字、圖像或影片，都已從博君一笑發展至真假難辨。

序

Deepseek AI 問世，又大幅降低 AI 成本。時至今日，如何運用好 AI，協助自己在學習、工作、個人生活上變得更輕鬆有效，已如同過去要學會用 Photoshop 般，逐漸成為新一代的基礎技能，認識越多，收穫就會越豐富。

行政長官李家超在 2024 年的施政報告中，宣佈成立「教育、科技和人才委員會」，以超前力度和頂層思維統籌教育、科技、人才三位一體的發展。佛教沈香林紀念中學是一所充滿探索精神的學校，早早就大膽地將科技、數據、AI 帶入教育之中。去年，他們與 AiTLE、香港浸會大學中文系、中文大學學習科學與科技中心等合作撰寫學界首本生成式 AI 教學示例書籍；本年再接再厲，出版《AI 與數字教育：跨領域的同創共學》此一新書，本人有幸受邀撰寫新書序言，甚感盛意，認真為敬！

香港菁英會一直致力於青年工作，對新一代的教育和未來發展不遺餘力。本書有著包括永遠榮譽主席洪爲民教授在內，六位專長於科技領域的香港菁英會成員參與，不單展示本會對香港新一代及創新創科發展的支持，也是數字教育政策上跨界別合作的展示。通過一眾重量級作者就「AI 與跨學習領域」這議題在本書的分享，我相信香港的新一代定能更有效地理解和掌握如何讓 AI 成為自己的助手，而非競爭對手。

國家主席習近平曾言「青年興，則國家興」，期待香港青少年學習更多關鍵技術和創新科技的知識，成為香港的創科人才，為國家的高質量發展、新質生產力等作出貢獻。

香港菁英會第十六、十七屆主席

林智彬, JP

黃序

黃進達太平紳士，現任香港菁英會第十八屆主席，重慶市政協委員，第十三、第十四屆全國青聯港區委員，旅遊界選委，香港中華總商會常務會董及青年委員會主席，香港潮州商會常務會董及青委名譽參事。從事旅遊和青年發展工作多年，積極參與多個旅遊業商會和青年組織工作。

AI 時代的共學新模式

非常榮幸能為本書寫序。沈中日常以「同創共學」校本課程鼓勵跨學科教學與推動新興科技的應用，使學生在理論課中學習人工智能的基本知識與應用，並在實踐課中進行跨學科的原型創建，長遠培養學生的創新思維和解難能力。作為學界翹楚，沈中近年在培養學生適應由未來科技驅動的世界，實在是不可或缺的榜樣。

當 ChatGPT 與 Deepseek AI 橫空出世，世人驚覺 AI 已不再只是實驗室裡的演算法，而是能成為與人類流暢對話的生產力工具與知識夥伴。這場技術革命，正以驚人速度重塑知識生產的樣貌，並且急需世人從根本上重新認識當前世

序

界。以往，我們以通過持分者的跨專業知識和經驗的相互交融，形成全面和深入的理解，亦透過共學去提升集體解難的能力。在這股新知浪潮中，有一個無法迴避的「大哉問」：當機器能瞬間串連不同領域的知識體系，以優於人的計算力來完成共學的廣與深，我們又應如何建構更具創造力的共學模式？

正於此時，沈中全人積極探索，推出第二本專著《AI 與數字教育：跨領域的同創共學》，無異是教育界中具有時代意義的先鋒行為。站在新時代的文明轉折點，本書的意義不單是一所學校向全港乃至大灣區學校的行動紀錄參考，更是一種先於時代的嗅覺。或許，這就是今日我們面對 AI 日益發展，在堅守倫理底線的同時，亦必須掌握的先驗技能。

如何讓 AI 技術成為師生對知識深化理解的橋樑，而非成為速食答案的製造機器？今日人類獨特的「跨域共創力」正被工具取代，教育工作者在此時應如何自處？期待讀者能在閱讀本書的過程中，持續探索沈中在「同創共學」的成果，並看沈中全人如何解答這兩個問題。

香港菁英會第十八屆主席
黃進達, JP

AI 圖像生成與教育應用

何嘉琪（Spike）
佛教沈香林紀念中學助理校長

作者簡介

何嘉琪（Spike）現為佛教沈香林紀念中學助理校長、STEAM 統籌及資訊及通訊科技科主任，新高中 DSE 課程《明德資訊及通訊科技》、學界首本生成式人工智能圖像教科書《明德生成式人工智能》、《AiTLE 探索 AI 圖像生成與機器學習 如何驅動跨學科的同創共學》及《AiTLE CoSpaces EDU/Delightex 教學》作者。何先生為香港浸會大學客席講師、香港中文大學前線專業發展夥伴，亦是香港中文大學、香港大學、教育局培訓行事曆課程專業培訓導師及教育局中學生資優教育課程導師，同時亦為德國 VR/AR 教育平台 CoSpaces EDU/Delightex 香港區首位 RockStar 級別大使及 Google Educator Group（GEG）成員，一直協助學界利用新興科技提升學生學習動機及教學效能。何先生曾奪得香港大學「國際傑出電子教學獎」— 電子學習抗疫特別獎、STEAM 運算思維金獎、電子教學應用金獎、婦女基金會「GGT 電子學習教案設計獎勵計劃」— 電子學習教案金獎及獲教育局委任以香港代表身份出席全球華人計算機教育應用大會（GCCCE）發表關於電子學習的論文。

2021 年何先生於佛教沈香林紀念中學（沈中）創立 BSC STEM LAB 及為沈中設計校本課程「同創共學」（https://www.bsc.edu.hk/bscstemlab/），由傳統課程中以教師為主導的模式，轉化為學生為本的模式，讓學生從學習中發現、探究、以科技解決現實生活上的問題。過去帶領學生代表香港參加全國 STEAM 比賽奪得獎項，曾獲外國教育媒體 AR & VR in the classroom 選為 CoSpaces EDU Ambassador of the month，亦奪得全國青少年未來工程師博覽與競賽組委會 — 優秀輔導教師、APAi 亞太人工智能青少年科技創新大賽 — 優秀指導老師、大灣區十佳老師及國際優秀 STEAM 老師獎，連續兩年奪得香港科技創新教育聯盟 — 傑出科學教育創新導師、「香港青少年科技創新大賽」— 優秀 STEM 老師等多個獎項；亦擔任賽馬會運算思維教育 — 全港小學生運算思維比賽及香港資訊及通訊科技獎（ICT Award）等大型比賽評審。

甚麼是提示詞工程（Prompt Engineering）生成圖像的提示詞？

圖像生成提示詞（Prompt，又稱「咒語」）是以文字引導 AI 根據用戶的描述來創作圖像。這些提示詞通常包含圖像的細節、主題、藝術風格及色彩選擇等。AI 會解讀這些文字指令，並根據內容生成對應圖像，以滿足用戶的創作需求。

在圖像生成的入門應用中，用戶可透過簡單提示，引導 AI 根據文字描述來繪製圖像。以下範例，是我在一個網上圖像生成平台中所製作的圖像。該平台以 Stable Diffusion 技術[1]作為基礎，並提供多種可調整的參數選項。這些參數的設置除了有助提升圖像的整體質素外，更重要的是可以讓 AI

1 Stable Diffusion： 一種開源的生成式 AI 圖像模型，由 Stability AI 開發，是目前應用最廣泛的模型之一。

的輸出結果更貼近使用者的預期，例如圖像的構圖、細節密度、風格一致性、元素的重複出現機率等。

然而，在我生成這幅圖像時，只輸入了基本且不完整的文字提示，亦沒有調整系統內的任何參數設定，因此最終圖像在細節上出現了一些不完整或不合邏輯的情況。

以上展示 AI 繪畫一幅人物半身照

提示詞示例："asian girl from the 90s in front of a TV set, expressionless, short straight hair, 90s hairstyle, jean clothes, 1990s, light teal and amber, Kodak portra 800"

例如，圖像背景中的兩部電視螢幕都出現了女主角的臉孔。這是因為我在提示詞中，沒有明確指示電視螢幕上應該顯示甚麼內容，導致 AI 根據畫面的主體自行填補細節，結果將主角的面貌複製至螢幕上，產生超出預期的錯誤。

這個例子突顯了一個重要的教學重點：學習生成圖像不單是輸入文字提示，更需要掌握基本的提示詞工程（Prompt Engineering）技巧與 AI 的運作特性。同時，需善用 Stable Diffusion 中的參數設定，如提示詞權重（Prompt Weight）、AI 創意參數（CFG [2]）、重複生成次數（Steps [3]）、種子值（Seed [4]）等，能更有效地引導 AI 生成更符合創作意圖的圖像。

文生圖 txt2img（text to image）

利用圖像生成提示詞提供了一組詳細的指示，旨在指引圖像生成 AI 創造出一幅特定的畫面，而這個就是圖像生成最基本的功能——文生圖（txt2img）。以下是 AI 對提示詞的解讀：

- a girl from the 90s：一名具備 90 年代的特徵或風格的少女。

2 提示相關性（CFG：Classifier-Free Guidance Scale）

3 重複生成次數（Steps）指 AI 在生成圖像時的迭代次數，影響圖像細節程度。

4 種子值（Seed）用以控制隨機生成的結果，使圖像可重複產生。

- in front of a TV set：少女被描繪為站在一台電視機前。

- expressionless：這個人物的面部表情應該是無表情的，不顯露任何情緒。

- short straight hair, 90s hairstyle：人物有著短髮，以及 90 年代髮型。

- jean clothes：穿著牛仔布料製成的衣物，這是 90 年代流行的服裝之一。

- 1990s：整體場景和人物的風格應該體現出 1990 年代的風貌。

- light teal and amber：圖像的色調應該包含淺藍綠色和琥珀色，指的是整體圖像的色彩主題或背景色彩。

- kodak portra 800：這指出圖像模仿 Kodak Portra 800 在 90 年代流行的高速彩色菲林的風格，以其暖的色調和顆粒感而聞名。

正向提示詞（Positive prompt）

正向提示詞是在與圖像生成 AI 互動時輸入的一組文字指令，用以告訴 AI 使用者希望圖像中出現哪些元素、特徵或視覺效果。這些提示詞是 AI 生成圖像時的主要參考依據，因此應該表達清楚、具體明確。

這些詞語將指引 AI 描繪出具有上述特徵的場景。不同的提示詞之間可能會互相增強效果，例如「Ultra Detail」與「4K」會令圖像更清晰；但若使用了風格相異的詞語，如「Photo realistic」與「Anime style」，則可能會互相抵消或產生混亂效果，因此提示詞的選擇與排列需謹慎。

AI 圖像生成中的聯想模式

例如，當用戶在提示詞中指定「啡髮」這一特徵時，AI 可能會自動將其與「啡色眼睛」等特徵一併生成。這是因為 AI 在訓練過程中，從大量圖像資料中學習到某些特徵之間的關聯，例如啡髮與特定的眼睛顏色（如啡眼、藍眼）經常同時出現。

這些聯想並非基於遺傳學的精準對應，而是來自 AI 對訓練數據集中圖像模式的統計分析與模仿學習。AI 並不「完全理解」這些特徵在生物學上的意義，它只是根據大模型的數據中出現頻率較高的組合去預測最有可能的圖像輸出。

因此，用戶若希望生成與 AI 所預設聯想的不同結果，便需要在提示詞中明確指定其他細節（例如：「金髮，黑眼睛，亞洲女性」），以避免 AI 自動套用數據集中的習慣性組合模式而生成出一位外國女性。

AI 圖像生成的結果由多重因素決定：提示詞與大模型選擇

在使用圖像生成 AI 時，輸出的結果不僅取決於用戶所輸入的提示詞，另一個關鍵因素是所選用的大模型（Checkpoint）。不同的大模型是根據不同的圖像數據集中訓練而成，因此在風格、主題、人物特徵等方面會展現出明顯差異。

例如，有些模型特別擅長繪製亞洲女性，這是因為其訓練數據集中包含大量亞洲女性的圖像，AI 透過這些資料學習並模仿出相應的面部特徵、膚色、五官比例與服飾風格。相反，若模型主要基於西方人的相片作為訓練數據，生成的角色外貌則可能會更貼近西方的審美與特徵。

這意味著，即使是輸入相同的提示詞，如「金髮女孩，微笑，坐在咖啡店裡」，在不同的大模型下所產生的結果也可能截然不同。某些模型可能會生成歐美風格的人像，而另一些則可能傾向於動漫或亞洲風格的圖像。

因此，除了學會撰寫清晰、具體的提示詞外，選用對應創作需求的模型同樣重要。這也是為何進階使用者在創作前，會根據創作目標挑選合適的大模型，例如生成人像或動漫風格專用的大模型。

提示詞：1 brown hair girl
大模型：Realistic Vision

提示詞： 1 brown hair asian gir
大模型： Realistic Vision

提示詞： 1 brown hair girl
大模型： Anime Diffusion XL

負面提示詞（Negative prompt）

負面提示詞是用來告訴 AI 在生成圖像時應避免出現哪些特徵、元素或風格的一種指令。與正向提示詞相對，負面提示詞的目的是排除不希望出現在畫面中的內容，例如：blurry, low quality, extra fingers, distorted face, ugly, bad anatomy 這些提示詞會影響 AI 的生成邏輯，使其在構圖時盡量避開這些不良特徵。

然而，即使使用了負面提示詞，AI 仍有可能生成包含這些特徵的圖像。這是因為 AI 的輸出結果受到多項參數影響，其中包括一個關鍵設定：CFG。

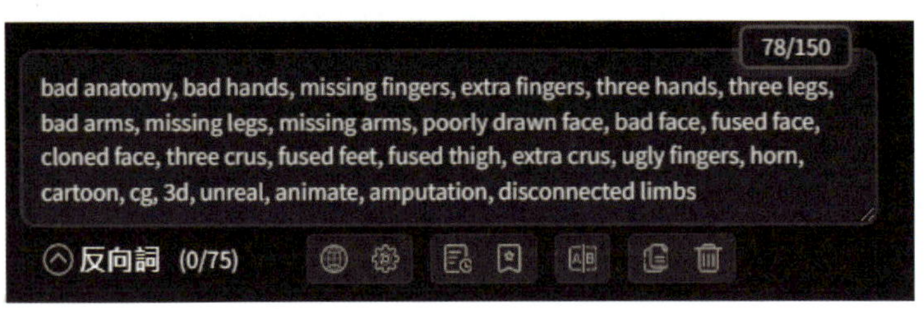

Stable Diffusion txt2img 負面提示詞介面

提示詞：1 brown hair asian girl
大模型：Realistic Vision

這張圖像是沒有加入反向詞下，AI 所生成的圖像，可見這種情況有可能會令 AI 出現不尋常的輸出，例如出現人物頸項太長的狀況。

提示詞：1 brown hair asian girl
大模型：Realistic Vision
負面提示詞：long neck

以同一句提示，加入反向詞「long neck」下所生成的圖像。人物修復了人物頸項太長的情況。

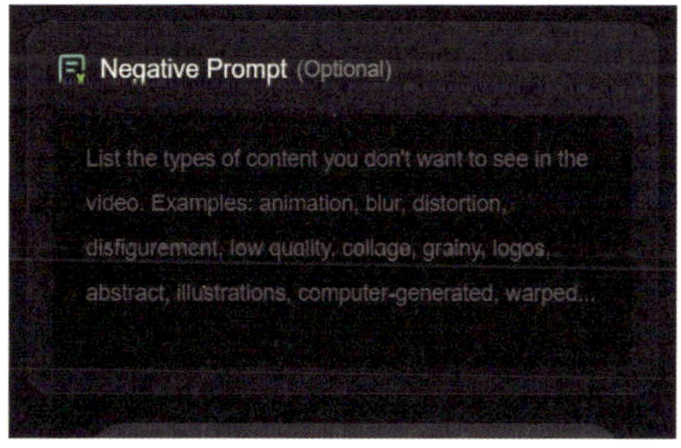

部份市面的使用 Stable Diffusion 為圖像生成引擎的平台，開放負面提示詞的功能，擴展了使用者對生成內容的主導權和創作自由度

懂得打英文提示詞不等於懂得用 AI 生成圖像

雖然學會使用英語提示詞來引導 AI 生成圖像是一項實用技能，但這並不代表使用者對 AI 圖像生成的技術有真正及深入的理解。懂得輸入英文提示詞，不等於真正掌握 AI 圖像生成的原理與限制。

以香港輕鐵為例，即使提示詞設計得再精準，大部分主流的 AI 圖像生成模型（如 Midjourney、DALL·E、Stable Diffusion）仍難以準確繪製出香港輕鐵的外觀。這是因為這些模型的訓練數據中，可能並未包含足夠的輕鐵圖像或相關數據。輕鐵主要行駛於香港新界西北地區，是一種地區性交通工具，並不是全球用戶所熟悉的交通模式。當 AI 沒有「見過」這些圖像，它就無法準確地「想像」或生成出相關畫面。

這正正點出了 AI 圖像生成的一個痛點——它並不是萬能，也不是什麼都能繪畫。在教學設計上，這個痛點反而成為一個值得反思的地方。我們可以透過這些生成上的失誤與偏差，引導學生認識 AI 模型的本質與局限，並進一步教授他們進階的 AI 繪圖技巧，例如影像重繪、風格參照、提示詞權重調整等策略。這樣的教學不僅提升學生的技術能力，更緊扣 STEAM 教育中強調裝備學生的解難能力、創意思維與培養他們慎思明辨的素質。

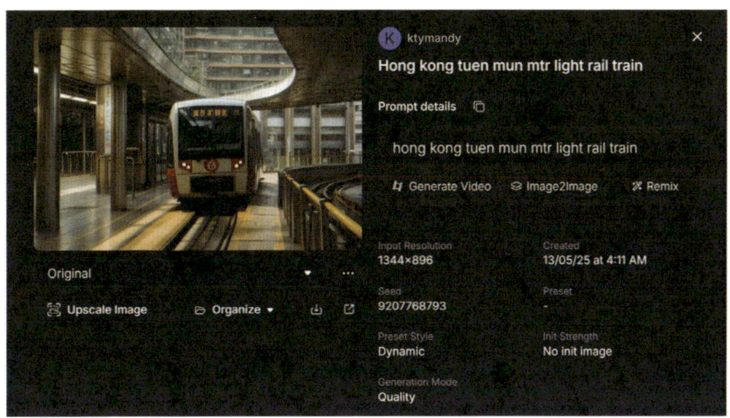

從上圖中可見，AI 無法精準地繪畫出 AI 未知的事物。而教師的教學活動亦應聚焦於培養學生的解難能力，而非僅依賴提示詞生成圖像。單靠文字提示，既難以發揮學生的創意，也無法反映其對 AI 技術的掌握。

從真實世界出發的 AI 跨學科學習設計，走向創意與解難的 AI 學習歷程——假如我在 AI 的平行時空

在設計生成式 AI 的教學活動時，我們並不以技術操作為核心，而是以促進學生的解難能力與創意思維為主要目標。2023-24 學年，我們設計了一項結合中文、英文與科技科的跨學科活動，引導學生以 AI 工具進行圖像重構與語言表達。

活動從一張真實的攝影作品出發，學生需觀察圖像中的構圖與意境，然後嘗試運用提示詞指引 AI 工具重現畫面。這

過程不單是視覺模仿，更是引導學生思考圖像背後的情境、象徵與敘事。最後，他們還需撰寫一篇文章，延伸或回應作品主題，整合語言與視覺的表達。

不過，當時學生的創作主要依賴文字提示的輸入，較受限於他們對運用 AI 工具的理解與運用經驗，在創作上有一定的局限性。這也讓我們意識到，若要深化這類活動的學習效果，學生需要掌握更多進階的 AI 設計技巧，如畫面細節控制、風格一致性、圖像微調與構圖還原等。

因此在 2024-25 學年，我們進一步優化這項學習活動，將課程延伸至 AI 繪圖技術的進階應用，讓學生不單止懂得撰寫提示詞，更能理解圖像生成的邏輯與設計原則，從而提升創作的精確度與豐富性。

這項教學實踐讓我們更明確 AI 在課堂上的定位——它不單純是工具，而是一個引發學生觀察、表達與解難的學習過程。透過跨學科設計與技術深化，學生不止學會使用 AI，更在過程中學會如何思考與創造。

學生參考這張真實的相片再用 AI 創作《囚影中的蝴蝶》

照片來自：Greg Girard

佛教沈香林紀念中學
王文慧作品《囚影中的蝴蝶》

我站在九龍城寨的天台上，俯瞰著這個擁擠而拘束的城市。陽光透過高樓大廈之間的縫隙灑落下來，照亮了這個被混亂和貧困所籠罩的角落。我身邊有個小女孩，我們是鄰居，我們從小一起長大。我們看着那遠方的高樓大廈，眼中全是渴望和嚮往，真希望我們也能脱離這個地方。

小女孩有著明亮的眼睛和天真的笑容，但在她的眼神中，我能感受到一絲絲的無奈和渴望。我看著她隨風飄舞，彷彿自己也能夠飛翔。

就在這時，一群美麗的蝴蝶飛舞而來。它們的翅膀上繪著鮮豔的顏色，蝴蝶在陽光下翩翩起舞，輕盈地在空中飛舞著，彷彿自由的象徵。那些蝴蝶就像另外一個我們一樣，彷彿在告訴我們外面的世界有多明亮。

我們停下了腳步，靜靜地凝視著這美麗的生物，即使沒有言語，我也能看到她眼中閃爍著渴望和嚮往，彷彿希望自己也能像蝴蝶一樣自由自在地飛翔。我們想要觸摸這個奇蹟，卻被無形的籠罩所阻擋。

我感受到她的心情，因為我自己也生活在這個九龍城寨的迷宮中。這裡是一個充斥著貧困和犯罪的地方，每天都充滿了嘈雜的聲音和灰濛濛的空氣。我們被這個城寨所限制，無法擺脱這囚籠，彷彿是不見天日的老鼠一樣，又或許是到處出沒的螞蟻，總被一雙無形的的大手籠罩，只能在狹小的空間中掙扎。

然而，就在這一刻，我們靜靜地凝視著那隻蝴蝶，感受到了一絲希望的存在，它在我們面前飛舞，彷彿在向我們傳達一個信息——「即使身處困境，我們仍然可以保持內心的自由和希望。我們可以夢想著飛向遠方，去探索未知的世界。」

我們彷彿將心里的目光轉向彼此，眼中亦閃爍著堅定的光芒，雖然我們被九龍城寨所禁錮，但我們不会放棄追尋自由和美好的欲望，帶著那份渴望和希望，走向我們的生活的下一個挑戰，即使困在九龍城寨這個陰暗的地方，我們相信，總有一天，我們會找到屬於自己的那片天空，自由地展翅高飛。

作為教育工作者，我們教授學生使用 AI 的目的，從來不止是讓他們「懂得使用工具」，而是要裝備他們具備面向未來的關鍵能力。面對日益普及的 AI 圖像生成技術，學生若能掌握其背後的原理與限制，若在未來有機會從事如平面設計、數字創作、媒體製作等領域時，可以更靈活地運用 AI 作為創作夥伴。因此，我們不僅要教會他們如何撰寫有效的提示詞，更應引導他們思考：當 AI 無法達到預期效果時，還可以怎樣突破？

在設計 AI 圖像生成的教學活動時，我們應針對 AI 的「盲點」與「限制」進行教學設計。學生需要認識大型模型的數據來源、訓練偏誤與文化局限，並學習如何透過進階技術（如使用參考圖像、區域控制、組合風格模型、參數微調等）來克服這些挑戰，從而創造更準確、更有創意的圖像成果。

在接下來的章節中，我將會介紹多種實用的 AI 進階技術，透過具體案例展示如何克服 AI 圖像生成的限制，並將這些技術有效地融入在教學設計之中。目標是讓學生面對 AI 並不止是使用者，更是能夠理解 AI、駕馭 AI、甚至是能與 AI 共同創作的未來創新者。

推動 AI 教育上硬件與成本的限制

目前市場上大多數主流的 AI 圖像生成平台，例如以 Stable Diffusion 或 Midjourney 為基礎的系統，均依賴高度專業的硬件運算資源，特別是具備高效能 GPU（Graphic Processing Unit）的伺服器。

AI 圖像生成是高度依賴硬件資源的一項技術。以圖像生成為例，每生成一幅圖像所消耗的電力，可以為一部 iPhone 充滿所需要的電。此外，AI 系統還需配備大量高階 GPU，才能即時處理複雜的運算與圖像渲染。這種龐大的能源與硬件成本，決定了 AI 圖像生成技術難以完全免費提供給大眾。目前常見的情況是：

- 多數平台採用收費制度或免費但有限生成次數的制度來分擔運算成本；
- 所謂的「免費平台」通常功能受限，如圖像尺寸（解像度）限制、生成次數限制等；
- 解像度與細節程度受限於 GPU 效能，難以達到商業級的輸出需求，如用於大型海報印刷、影音製作或專業設計用途。

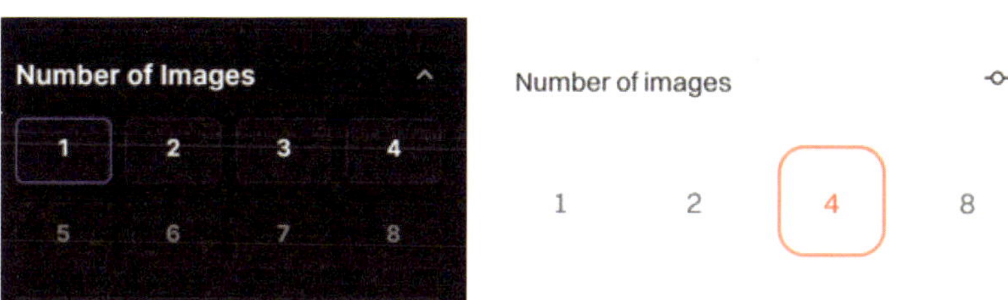

一般網上生成式 AI 平台都提供一個提示詞生成多幅圖像的功能，使用者以「抽盲盒」的方式抽出合心意的圖像，僅透過文字描述控制圖像輸出結果存在著許多限制

「抽盲盒式創作」的局限性

受限於平台開放的有限功能，用戶通常只能依賴提示詞來生成圖像，缺乏進一步的控制能力，形成一種「抽盲盒」式的創作流程。即使提示詞明確，AI 仍可能生成與預期不符的結果，難以用於專業創作。

以下為一般平台普遍不開放的進階功能：

- 圖像重繪（Inpaint / Outpaint）
- 自定義控制圖（ControlNet[5]）
- 種子值微調與樣式一致性控制（Seed）

這些功能往往需要更高的運算資源，一般免費平台難以提供完整的功能。因此，建立獨立的離線生成式 AI 平台亦成為越來越多專業團隊與企業的選擇。

免費的網上平台之圖像輸出解像度亦有所限制，未能滿足商業上的應用，例如平面設計及印刷

---

5 ControlNet：用於控制 AI 圖像生成中姿態、輪廓或草圖結構的輔助模型。

AI 教育視角下的反思與規劃

在教育場景中，僅止於教學生「怎樣輸入提示詞去生成一張圖」是遠遠不夠的。面對未來社會對 AI 素養的需求，我們應該引導學生：

- 認識 AI 圖像生成背後的成本與限制；
- 理解模型、參數與提示詞的交互關係；
- 學會使用進階控制技術來提升創作效率與品質；
- 培養對 AI 媒體內容的慎思明辨思維與創意應用能力。

AI 圖像生成技術的生涯規劃應用

隨着 AI 創作工具的發展，越來越多新興職業開始要求工作者熟悉 AI 圖像生成技術。例如：

- 數字創作者（Digital Creator）與 YouTuber：可快速產出視覺素材與影片封面；
- 影視產業：如 Netflix 等公司已開始聘請懂得使用 Stable Diffusion 的專才；
- 廣告行銷與設計行業：運用 AI 進行設計預想圖與廣告創作；
- 教育與教材設計：可用 AI 製作教材插圖、互動素材等。

AI 不再只是創作的輔助工具，而是未來多媒體創作流程的核心技術。我們應裝備學生從「使用者」轉化為「創作者」與「開發者」，真正掌握 AI 創作的邏輯與潛能，成為具備二十一世紀素養的未來人才。

從初階應用邁向專業創作：AI 圖像生成技術的進化

目前大多數人對 AI 繪圖的理解，仍停留在以提示詞生成圖片的初階階段。然而，隨著技術的快速發展，AI 圖像生成已在商業多媒體領域掀起一場革命，成為設計、影視、廣告、遊戲等行業的重要創作工具。

部署獨立離線平台的三大優勢

1. 保障數據隱私與資訊安全

在部署獨立離線平台的環境下，所有生成的圖像、提示詞、用戶資料及商業項目的內容皆可儲存於伺服器中，無需經過雲端或第三方平台傳輸。這能有效降低商業機密外洩的風險，對於設計公司、廣告機構、影視製作團隊等高度依賴創意資產的行業而言，具有關鍵性的保障作用。

在使用網上的 AI 平台時，關於數據私隱的保護不可忽視，以上方的 Copilot 為例，你上傳到雲端的相片可能已被用作訓練 AI 的數據；獨立離線平台（Stable Diffusion）則保障資料是儲存在本機，更適合用以處理敏感內容及商業應用。提升資訊素養，選擇合適方式，是安全使用 AI 的關鍵一步

2. 擺脫點數（Credit）制與網絡限制

獨立離線平台完全依賴本機算力，使用者不再受限於平台的點數制度、網絡延遲或伺服器擁擠等問題。這種架構可大幅提升圖像生成的效率與穩定性，特別適合需要頻繁、批量產出的創作工作流，例如數字創作者、廣告公司等專業用途。

3. 完整發揮進階功能潛力

在離線部署的環境中，使用者可自由安裝、修改與整合各類進階功能模組，例如 ControlNet、LoRA（Low-Rank Adaptation[6]）等，並支援高解像度輸出（如 4K 或以上）、風格保持、角色重現等功能。這樣的彈性使創作者能按照實際需求打造專業級的 AI 創作環境，遠超一般線上平台所能提供的功能範圍。

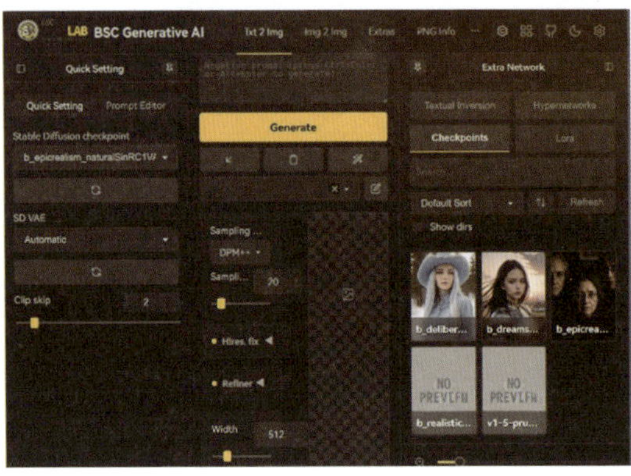

沈中 BSC STEMLAB 透過建立離線 Stable Diffusion 平台教授學生進階 AI 繪圖技能

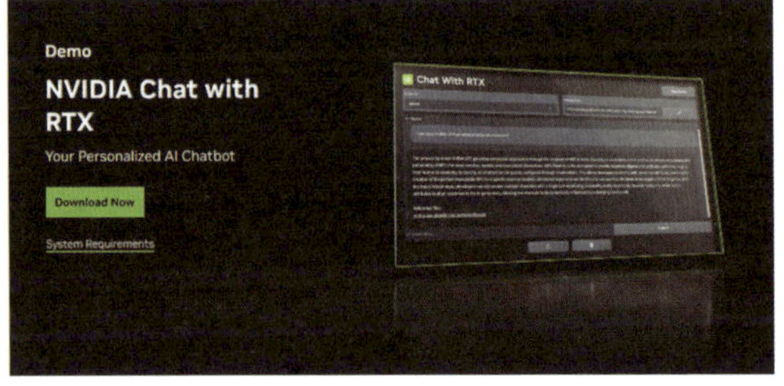

NVIDIA 推出生成式 AI 平台「Chat with RTX」，使用者可離線運作，不再受限於 Credit、數據私隱或網絡連線延遲等各種限制

---

6 LoRA：一種輕量化模型微調技術，能快速訓練特定風格或人物特徵。

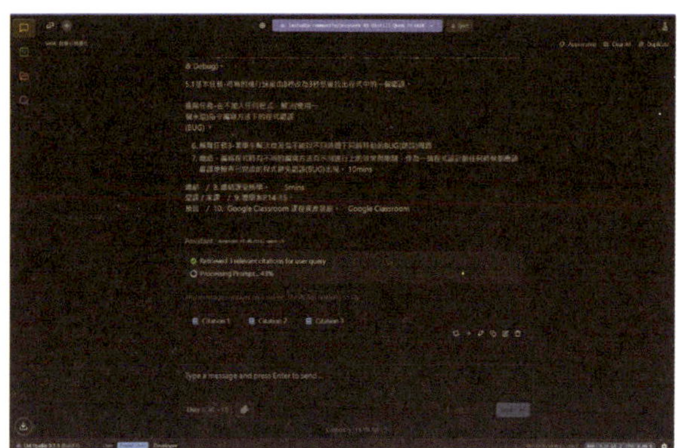

筆者建立的離線版 DeepSeek AI 平台

Stable Diffusion
開放源碼架構帶來創新與擴展性

值得注意的是，目前主流的獨立離線圖像生成平台皆是以 Stable Diffusion 這一開源平台作基礎及建構。Stable Diffusion 擁有完整的開放程式碼，允許全球開發者與專業創作者進行功能擴充、模型與插件開發。這種開放性不僅促進了社群的快速創新，也讓許多新功能可以第一時間得以實現與應用。

實際上，許多免費的線上圖像生成平台，也是以 Stable Diffusion 為基礎所搭建而成，並整合了來自社群貢獻的最新模型與功能模組。因此，掌握 Stable Diffusion 的操作與原理，已成為進入 AI 創作領域的重要基礎技能。

從使用者到創作者：解鎖進階 AI 繪圖功能的真正潛力

在生成式 AI 技術日益普及的今天，許多平台提供了方便快速的圖像生成服務，使用者只需輸入提示詞便能獲得一張風格吸引的圖片。然而，這些平台往往預設了固定的模型與參數，功能有限，且大多數採取付費或點數制度，使用者所能做的，往往只是反覆嘗試、等待「抽中好圖」。

這樣的創作方式，其實只是運用生成式 AI 的入門階段。真正具備創造力與控制力的 AI 創作，來自於對技術的深入理解與主動掌握。在本章節中，我們將帶你跨出「使用罐頭設定」的限制，進一步認識 Stable Diffusion 為核心的離線部署系統與其強大的進階繪圖功能。這不僅是技術的轉變，更是角色的轉變——從一位受限於平台與參數的使用者，蛻變為能夠設計、調控與創造的 AI 數字創作者。

透過生成式 AI 進階功能，突破繪圖限制並修復「臉崩」問題

在使用生成式 AI 繪製人物圖像時，許多使用者都曾遇過一個常見但令人困擾的問題——「臉崩」，又被稱為「臉垮」或「臉部不細膩」。這類現象通常出現在 AI 無法準確生成人物五官、臉部比例錯誤，或細節模糊失真的情況，嚴重影響圖像美感與實用性。

AI 圖像臉崩問題的成因

當我們輸入簡單的提示詞，例如「一位人物的半身照」並使用預設參數時，AI 通常能生成相對清晰的臉部圖像。但一旦提示詞中加入了「全身照」（Full Body Shot）或包含複雜背景與多角色的構圖，臉崩的概率便會明顯上升。

這是因為在固定解像度下，AI 必須讓全身構圖完整呈現，導致臉部區域的像素分配大幅減少，細節自然難以表現。這並非使用者的操作錯誤，而是生成式 AI 在圖像的像素分配不足限制。即使是付費平台，也難完全避免問題發生，許多使用者誤以為升級成付費會員或使用商業版平台就能完全解決這類問題，但事實上，臉崩問題在大多數平台上仍普遍存在。

筆者利用自己的相片作數據集，訓練 LoRA 模型並以「抽盲盒」方式，繪畫出兩張自己的人物半身照，沒有任何「臉崩」問題

提示詞 : photo of spike54, a detailed portrait of a person, upper body front view.

在 AI 圖像生成的領域中，將生成過程比擬為「抽盲盒」是一個貼切的比喻。這是因為即使是使用著相同的提示詞，每次生成的圖像也會有所不同，這種不可預測和隨機性，有如購買盲盒玩具時一樣。

以上是筆者以林詩琦為模型，利用 AI 深度學習訓練生成的人像照片。你能分辨到哪張是真人，哪張是 AI 生成的嗎？往後我們該如何培養明辨慎思的思維，以鑑別真假信息，並對使用科技抱有道德與責任心？

以上展示中，我是使用了相同的提示詞進行圖像生成，僅將關鍵詞從「portrait（肖像）」改為「full body（全身照）」。結果顯示，當要求生成全身構圖時，人物的臉部細節明顯下降，甚至出現「臉崩」的情況。

簡單來說，問題的核心在於解像度不足與採樣資源分配的不均。當生成大頭照或半身照時，AI 能夠將更多的像素與採樣資源集中於臉部，細節自然清晰、結構穩定；但當提示詞改為全身照時，整張圖像需要容納更多身體與背景資訊，臉部在整體畫面中所佔的比例變少，能分配到的像素與運算資源也相對減少。

這使得臉部細節無法被充分捕捉與重建，進而出現模糊變形或五官錯位的「臉崩」現象。這並非 AI 無法生成高品質圖像，而是受限於解像度與採集樣本數量的限制。

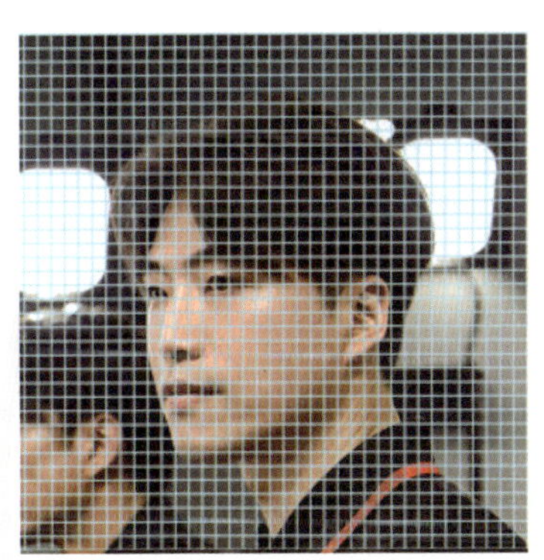

大頭照的臉部能獲得較多採樣分配，但在全身照中，臉部獲得的採樣就顯著減少了，導致「臉崩」的情況出現

模仿重繪——甚麼是模仿重繪（img2img）？讓 AI 在原圖基礎上進行強化與重繪

模仿重繪（即 img2img）是 Stable Diffusion 中的一項進階功能，它允許使用者輸入一張已有的圖片，再搭配提示詞，讓 AI 依據原圖的構圖、風格與主題進行重新繪製與細節強化。這種方式與純粹透過文字提示生成圖像（txt2img）不同，更像是在「基於草圖或草圖風格的圖像上進行再創作」。

模仿重繪最早於 2022 年由 Stable Diffusion 推出，並迅速被廣泛應用於數字創作領域。許多創作者利用這項技術進行風格轉換、臉部優化、草圖上色或圖像重構，尤其在修復人物圖像中常見的「臉崩」問題上，表現尤為出色。

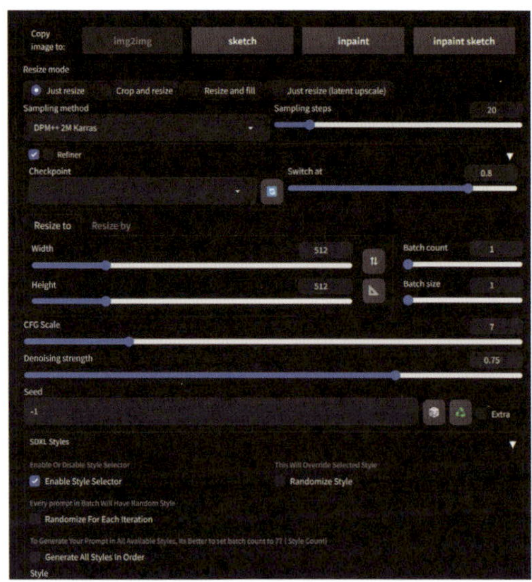

Stable Diffusion 的 img2img 介面提供多項進階參數設定，讓你精準控制圖像輸出，適用於商業設計與創作用途

2025 年 4 月，OpenAI 在 ChatGPT 中也加入了類似模仿重繪的功能，使用者可以上傳圖片並輸入提示詞，將照片轉換為卡通風格或其他藝術表現的形式。雖然功能表面上相似，但兩者在可控程度與創作自由度上存在明顯差異：

- ChatGPT 的圖像轉換屬於封閉式服務，背後的參數與模型設定為系統預設，使用者無法細緻控制生成過程；
- Stable Diffusion 提供完整創作控制，開放解像度、風格強度、變化幅度（Denoising Strength）等細節調整，並可結合插件實現專業級應用。

簡而言之，ChatGPT 提供的是快速體驗，而 Stable Diffusion 提供了完整的創作控制。對於想要進一步解決「臉崩」問題的創作者來說，模仿重繪就是一種能夠兼顧「細節修復」與「風格一致性」的有效策略。

AI 進階功能一：模仿重繪技術，將照片轉換為不同風格

透過模仿重繪技術，AI 可精準地對圖像中的指定區域進行風格化處理，將原始照片轉化為各種不同風格的藝術圖像，如手繪、水彩、動漫或插畫風，提高視覺表現力與創作自由度。

原圖

利用 Stable Diffusion 進行模仿重繪的效果

以上示例是使用 ChatGPT 將一幅真實照片進行模仿重繪後生成的結果。可以看到，即使在這種自動轉換的過程中，仍可能會出現「臉崩」的情況。此外，手部細節亦是最常出現問題的區域之一，經常會出現變形、不自然或數量錯誤等現象，這些都是當前 AI 繪圖尚未完全克服的挑戰之一。

在一鍵生成的幻象之後，誰才是真正的創作者？——推動 AI 教育的主體性與進階圖像思維的召喚

近年來，AI 圖像生成工具（如 Stable Diffusion）在動畫與角色設計領域中快速發展，讓創作者能夠將二次元角色轉化為擬真人像，畫面越趨精緻，創作流程也大幅加快。這些技術不僅提升了作品的質感與效率，更為創意產業開啟了全新的可能性。

可能大家都曾經在手機軟件上使用過類似的應用——上傳一張自拍，將其轉換成卡通風格、油畫風格，或是換背景、換裝扮。這些軟件的背後往往已經預設好參數與模型、包裝好流程，讓使用者只需「一鍵生成」，卻無法自由調整或深度理解 AI 是如何運作的。

作為教育工作者，我們的角色不應只是讓學生學會使用這些現成的工具，而是要引導學生理解 AI 圖像生成背後的原理與邏輯，包括：

- 如何透過提示詞與模型互動
- 什麼是模仿重繪（img2img）與局部重繪（Inpainting）技術
- 模型如何根據圖像特徵進行風格轉換或再創作
- 不同參數如何影響生成結果

這樣的學習過程，不僅能讓學生突破付費軟件的創作限制（如收費、固定樣式、創作空間受限），更能幫助他們建

立真正的創作主導權與技術素養。

AI 不只是工具，更是一種新的思維方式。我們應該讓學生學會如何與 AI 合作、如何駕馭這些工具去實現他們的創意，而不是被限制在付費式封閉系統的框架中。

自從 AI 繪圖技術大大普及，它在藝術和設計的領域引發了一場革命，尤其是在動畫與遊戲角色設計方面。這技術的進步讓數字創作者（Digital Creator）能夠利用 AI 工具來進行創作，使得將動畫角色真人化的作品變得越來越多，也越來越精細。

以下展示透過 Stable Diffusion 為一個動畫角色進行模仿重繪真人化。

原圖

AI img2img 真人化

AI 工具能夠啟發學生探索不同的藝術風格，激發他們的創造力和想像力。學生可以通過與 AI 合作，進行創作，快速實現自己的創意構思，這樣的即時反饋可以鼓勵他們繼續創作和實驗。作為教育者，我們應鼓勵學生將 AI 視為創作的合作夥伴，透過人機協作的方式，發展出更多具原創性的作品。同時，也讓學生理解：真正的創意不在於工具本身，而在於如何善用工具來表達自己獨特的觀點與想像。

AI 進階功能二：結合人臉識別與局部重繪技術修復圖像

在生成式 AI 的繪圖流程中，人臉識別配合 img2img 是一種強大且實用的進階功能，能有效於修復圖像中如「臉崩」或細節缺失等問題。

透過 Stable Diffusion 的進階應用，可結合人工智能的人臉識別技術，自動追蹤圖像中的臉部區域，並搭配 img2img 模式進行局部重繪（Inpaint）。此方法能針對臉部出現「臉崩」或細節不足的區域，進行針對性修復，進一步提升圖像的整體品質與真實感。

當畫面中出現多於一個人物時，模型的計算資源與注意力會進一步被分散，導致每一位人物所獲得的採樣比例降低，使臉部與手部的變形、模糊或錯誤更加明顯。這也是多人合照或群像構圖中容易出現品質不穩定的原因之一。

AI 臉部追蹤及局部重繪

利用 Stable Diffusion 的進階應用，我們可以結合 AI 的人臉識別技術，自動追蹤人臉部位，然後用 img2img 模式進行局部重繪。這樣可以把臉畫得更清楚、更自然，也能修復原本模糊或變形的細節，效果非常明顯。

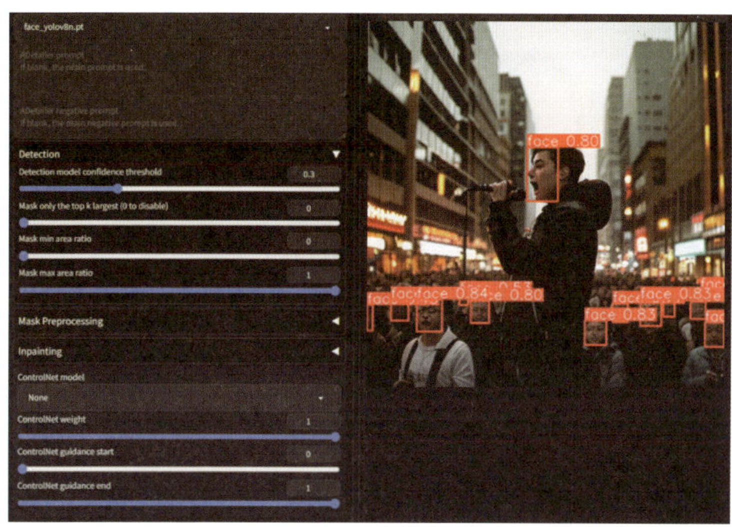

透過 AI 人臉識別技術，系統能準確偵測並標記圖像中所有人臉區域，進而針對臉部進行局部重繪，有效修復「臉崩」與細節錯誤的問題。此自動化的局部修復流程，大幅簡化了以往需手動遮罩、選區與逐步修補的繁瑣操作，幫助數字創作者節省大量後期的修圖時間，並提升圖像品質與製作效率

經過第一階段的局部重繪處理，已成功修復大部分細節不足的區域，特別是臉部與手部等關鍵部位的細節表現已有明顯改善，整體圖像品質亦隨之提升

第一次生成

第二次生成

此圖像共進行了兩次繪製。第一次生成時，人像面部出現明顯的「臉崩」現象。第二次則透過 AI 局部重繪技術，僅針對面部區域進行修復，成功還原面部細節，提升整體圖像品質。

AI 進階功能三：透過人工智能動作識別技術，控制生成圖像中的人物姿態

在利用 AI 生成式圖像技術進行創作或平面設計時，僅僅依賴提示詞是無法完全掌握圖像的輸出結果。為了解決這個問題，可透過人工智能動作識別技術，對圖像進行分析，從而控制生成圖像中的人物姿態。這個模型配備了多種預處理器，目的是為了幫助創作者，可以更加精細地控制圖像生成過程中人物的姿勢和表情。因此，此技術被廣泛運用於繪畫、修圖和影視特效等多個領域。

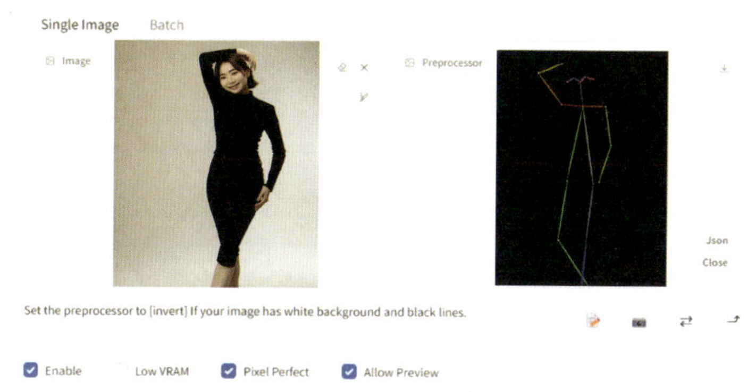

筆者透過一張圖像讓 AI 分析其中的人物姿勢與動作，進而生成對應的骨架模型，作為動作捕捉或圖像製作的基礎。當創作者希望能精準控制生成圖像中的人物姿勢時，可利用 AI 動作識別技術，自動分析相片中角色的身體動作、面部表情與手勢，進而引導 AI 在圖像生成時進行模仿與重現，使最終圖像更貼近創作者的預期效果。

本事例運用了 AI 所生成的人物姿勢骨架模型，創作出四幅動作相同，但背景、穿搭風格各異的人像圖像

AI 進階功能四：局部重繪進行創作、產品及室內設計

AI「模仿重繪」局部重繪技術（img2img In/Outpaint）是一種結合電腦視覺與機器學習的進階圖像生成流程。它的運作原理是先從一張參考圖像出發，AI 利用演算法分析圖像中的關鍵特徵，包括物體的形狀、顏色、紋理與光影等資訊。當這些特徵被精確提取後，AI 便能在指定區域內依據原始內容進行重繪，產生一張既保留原圖視覺基礎，又具有創新變化的全新圖像。

在創作與設計實務中，這項技術特別適合用來以真實相片作基礎，再進行延伸創作與修訂。例如設計師可將人物照片中的特定部位（如衣著、背景或表情）進行局部重繪，快速生成多種版本，無需重拍或手動修圖。這正是過去設計產業仰賴 Photoshop 進行繁複編修的工作，如今卻可以透過 AI 在短時間內完成，大幅簡化流程並提高效率。

作為教育工作者，我們應關注這些技術如何重塑未來創作與職場技能的需求，並思考如何在教學中引導學生掌握這些新興工具。

在 STEAM 教育中，圖像生成與 AI 重繪技術可踏足藝術、科技、設計、電腦科學等多個領域。我們可以透過專題式學習、跨學科課程，讓學生實際操作 AI 圖像工具，理解背後的原理，並應用於創意思想與數字作品製作，從而提升他們的創造力、問題解決能力與科技素養。

在 AI 參與創作的未來，教育的角色不再只是知識傳授者，更是創新引導者與科技應用的啟發者。我們有責任幫助學生理解如何與 AI 協作，成為具備未來競爭力的創意實踐者。

透過 img2img Inpaint 將一張人物照作局部重繪，為人物換上不同服裝

透過這項技術，我們可以清楚看到 AI 正在重塑傳統影像的製作流程——不再需要實體模特兒與攝影棚，即可為時裝品牌快速生成多樣化的造型展示圖。這不僅有效降低了拍攝成本與時間，也為時尚產業帶來嶄新的創作與行銷方式，預示著 AI 將會深刻改變未來的職場生態。

透過 img2img 將一張日本旅遊相片以局部重繪的方法換上不同背景

以上圖像為本校佛教沈香林紀念中學會議室原來的設計構想，把這圖像透過 AI 輔助工具進行室內設計創作示範

圖 A

圖 B

圖 C

圖 A、B、C 是透過 AI 技術進行的圖像案例，是透過 AI 技術進行多個室內設計模擬構想的成果，讓學生能以低成本、短時間內生成多種風格與佈局的視覺方案

AI 引領數字教育下建立跨域的學習新時代

透過模仿重繪與局部重繪技術，AI 圖像生成已逐步從藝術創作延伸應用至室內設計與產品開發的領域，展現出強大的潛力。學生能藉由這些 AI 工具，快速模擬出不同風格、材質與空間配置，進行視覺構想的實驗與創作。此舉不僅大幅提升設計效率，更能激發學生的創造力。

在這樣的學習歷程中，學生所進行的並非單純的「操作工具」，而是深入理解 AI 模型的運作邏輯與參數設定（如解像度、風格強度、遮罩控制等），並透過提示詞與 AI 互動，進行精準的提示詞設計——這正是「提示詞工程」的核心所在。這項能力要求學生具備良好的語文思維與表達技巧，懂得如何清楚、有系統地與 AI 溝通，才能生成符合期待的設計成果。

此外，為了更有效地模擬與呈現特定風格的空間設計，學生亦需認識多元設計風格的生成指示、特徵與文化背景，例如北歐風、日式侘寂、工業風、極簡主義等，進一步拓展他們的設計視野與美學素養。

在教育層面上，這類結合 AI 的創作活動不僅是技術培訓，更是一種跨學科整合的實踐歷程。學生需同時運用語文、藝術、設計、科技等多種知識與思維方式，培養出符合二十一世紀所需的「共通能力」，如創造力、慎思明辨思維、數字素養與人機協作能力，這也是未來人才培育的核心方向。

相較於傳統必須依賴 CAD（Computer Aided Design）、SketchUp、3ds Max 等繪圖軟體進行繁瑣建模與渲染的方式，AI 圖像生成技術大幅降低了時間與技術門檻，使設計者能將更多精力投入於創意構思與空間敘事。這不僅有效節省人力與製作成本，也讓設計流程更具實驗性與靈活性。

對學生而言，AI 不只是創作的輔助工具，更是理解產業轉型、裝備未來職場技能的關鍵媒介。透過實際操作與反思，學生將能站在技術與創意的交匯點上，成為具備創新思維與跨界競爭力的新世代創作者。

AI 進階功能四：AI 修復照片

AI 可以用來修復模糊的照片，這是因為它背後的深度學習模型經過訓練，已經學會了如何辨識圖片中的細節，特別是人臉的部分。像是眼睛、鼻子、嘴巴這些特徵，在模糊的情況下，AI 也能根據經驗重新繪畫出比較清楚的樣子，讓整張照片變得更清晰、更自然。

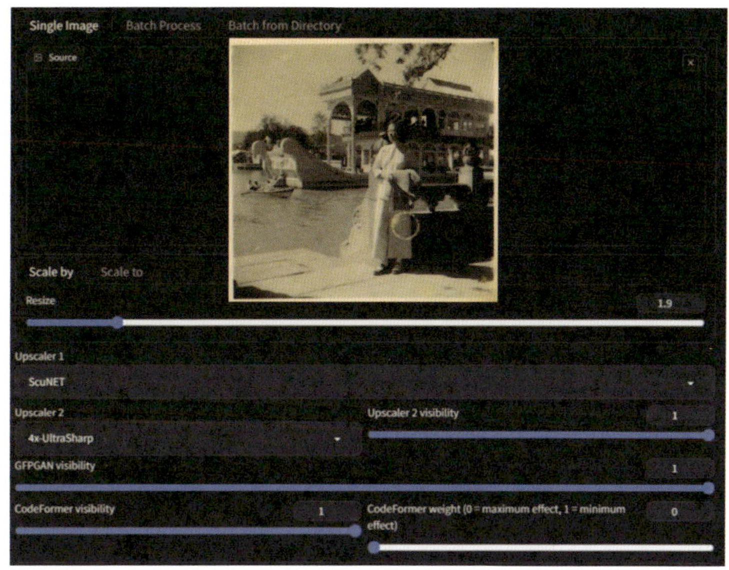

AI 在處理模糊照片時，會先找出人臉和重要的圖像細節。然後，它會根據學過的資料去「猜」出那些模糊部分應該長什麼樣子，並把它們重繪，讓照片變得更清楚。

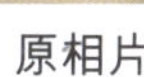
原相片

AI 重繪修復

右圖使用 CodeFormer 模型修復一張低解像度的人臉照片。此技術專門用於改善因模糊、低解像、雜訊或損毀而導致畫質不佳的人臉圖像，尤其在處理東方人臉特徵時，表現尤為出色。值得注意的是，根據不同的參數設定，修復後的人臉與原始影像可能會出現差異。這也說明了，這項技術的本質不只是提升解像度，更像是一種根據原始數據推測，再「重新繪製」人臉的過程。

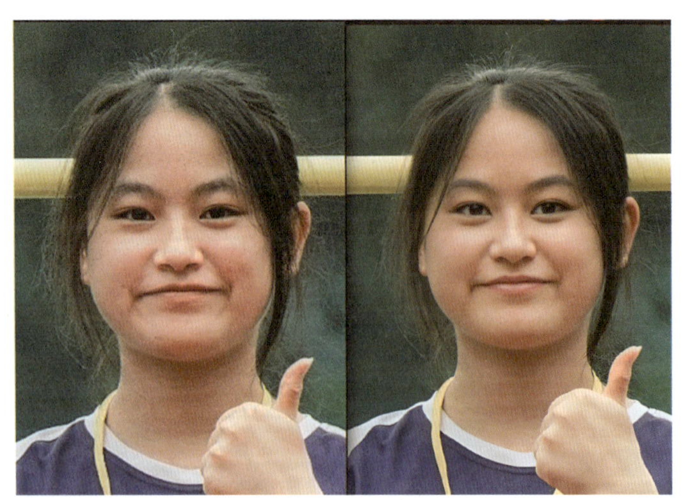

修復前與修復後

圖片提供及授權：佛教沈香林紀念中學 - 嚴凱穎

AI 影像修復技術的教育價值與生涯規劃的意義

這項技術已被廣泛應用於不同領域，例如著名的二戰紀錄片《They Shall Not Grow Old》，導演運用 AI 技術對原始的黑白戰地影像進行修復、補幀（FPS，Frames Per Second）與上色，使歷史畫面重現生命力。而在現今的影音產業中，如 Netflix 等串流平台，也大量運用這類 AI 修復與生成技術於紀錄片與影集的製作，並積極招聘具備如 Stable Diffusion 等生成式 AI 技術應用能力的專業人才。

這些技術不僅在保存歷史影像上具有實用價值，也為教育場景提供了豐富的教學機會。對教育工作者而言，教授學生相關技術，不僅有助於提升他們的資訊素養與數字敘事能力，更能引導他們理解 AI 技術背後的倫理問題與辨識影像真實性的能力，為未來進入數字內容創作、文化保存、媒體製作等職業領域做好準備。

此外，這種修復過程本身就涉及大量高中資訊與通訊科技科（ICT）及多媒體相關的理論與實踐知識。例如影片的幀率（FPS）會直接影響影片的長度與播放流暢度，而 AI 在修復影片時，會將每秒鐘的畫面分解為多張影像，再進行逐幀的重繪與上色，這個過程正好讓學生具體理解影片與圖像之間的關係。再如解像度的概念，也是影像處理中不可忽視的理論基礎。

因此，教師可以設計結合實作與理論的教學活動，讓學生透過 AI 修復、重建與圖像生成等技術，從實踐中理解影像處理、多媒體設計與資訊科技的核心知識，並掌握未來職場所需的跨領域數字技能。

著名的二戰紀錄片《They Shall Not Grow Old》

AI 跨學科教學示例「假如我在 AI 的平行時空」

在生成式 AI 技術日新月異的浪潮中，佛教沈香林紀念中學積極回應教育未來的需求，2023-24 學年構建了一項具前瞻性的跨學科校本課程——「同創共學」計劃。此計劃旨在培養學生的語文表達、創意思維與科技應用能力，透過結合理論與實踐的學習歷程，引領學生走進 AI 世代的創作世界。

課程由淺入深，讓學生從提示詞工程入門，學習如何與 AI 對話，並逐步掌握圖像生成技術的核心原理與操作技巧。隨著技能的累積，學生進一步參與以中華文化元素為主題的創作任務，將傳統文化與現代科技交織，展現跨文化的數字藝術想像。

課程核心理念強調「從理解科技到實踐創意」，並以探究式學習與項目導向學習（Project-based Learning）為主軸，鼓勵學生主動探索、解決問題。在創作活動「假如我在AI 的平行時空」中，學生運用 AI 技術產出圖像，並撰寫與之呼應的敘事文本，巧妙融合個人情感、想像與視覺敘事，創造出獨一無二的多媒體作品。

此外，課程亦引導學生深入思考 AI 在文化保存、創作倫理與價值觀建構中的角色。透過討論與反思，學生不僅可以學會如何使用科技，更能學會如何負責任地使用科技，發展出具備判斷力與同理心的數字公民素養。

「同創共學」不只是一門課，更是一個培養未來人才的平台，讓學生在語文、藝術與科技的交匯點上，建立面對 AI 社會的自信與能力，為未來的學習與生活奠定堅實基礎。

階段一：我是 AI 提示詞工程師——與 AI 溝通，從語文出發

在科技快速演進的今日，生成式 AI 已廣泛滲透至教育、創作及資訊傳播等多個領域。為裝備學生迎向這個新世代的挑戰，課程的第一階段以「我是 AI 提示詞工程師」為主題，重點培養學生與 AI 有高效互動的能力，並引導他們從語文角度出發，理解 AI 的語意回應邏輯與資訊處理特性。

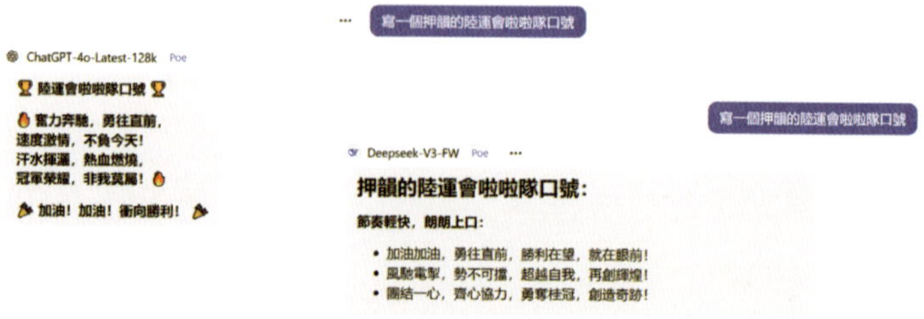

在規劃生成式 AI 的學習課程時，我們的重點不應在於單純教授工具的操作，而是引導學生理解 AI 背後的深層原理與模型差異，從而懂得選擇對的工具完成工作。透過比較不同生成式 AI 模型撰寫押韻口號的表現，學生能理解模型背後的語言基礎差異。以粵語為例，DeepSeek AI 在中文語境中表現更貼近語感，優於以英文語料作訓練數據集的 GPT 模型。

學生將學習如何撰寫清晰、具針對性的提示詞，這不僅是與 AI 溝通的起點，更是訓練語文邏輯與表達能力的實踐場域。課程中將強調追問、修正與優化提示詞的技巧，讓學生掌握與 AI 對話的核心策略，從而獲得更準確、具深度的回應結果。這些語言操作的能力，正是第二階段「AI 圖像生成」的基礎能力建構。

除了操作技能外，課程亦融入媒體素養與資訊倫理教育，鼓勵學生具備對 AI 所生成的內容進行查證與慎思明辨思維的能力。學生將了解生成式 AI 並非「全知」工具，其回應內容可能存在偏差、虛構或不準確之處，因此辨識資訊真偽與負責任地使用科技的意識也同樣重要。

本階段的學習強調語文、科技與慎思明辨思維的結合，讓學生在與 AI 協作的過程中，實踐跨學科的語文素養，並為未來進一步探索創作、設計與知識建構奠定紮實基礎。

階段二：我是 AI 咒語繪畫師——解鎖圖像生成的創意魔法

完成與 AI 文本互動的初步訓練後，學生將進入第二階段——探索 AI 圖像生成的世界。本階段課程以開源圖像生成平台 Stable Diffusion（SD）為教學核心，引導學生學習如何運用提示詞與參數設定，生成圖像作品。

透過這項技能訓練，學生不僅能掌握二十一世紀創意產業所需的數字設計與圖像思維能力，更能發展出應用生成式 AI 進行視覺創作的專業素養，為未來的生涯規劃探索鋪路。

2.1 理解生成圖像的「隨機性」與「可控性」

課程首先以一項簡單活動開展——學生輸入相同提示詞「Hong Kong」至 AI 平台，觀察各自生成的圖像結果。透過比較與討論，學生發現：即使輸入完全相同的語句，每個人獲得的圖像也會不同。這個現象揭示了生成式 AI 的一個關鍵特性：內建的隨機性。

這項設計雖帶來創意上的多樣性，卻也意味著若不掌握進階技巧，將難以精準控制輸出結果。學生因而意識到，單靠基本提示詞無法應對複雜的創作需求，從而進一步學習如何降低 AI 回應的不確定性，便成為創作圖像的關鍵能力。

2.2 超越文字提示：深入理解圖像生成的控制技術

在教師引導下，學生將進一步認識 Stable Diffusion 的進階參數設定，例如：

- CFG：控制圖像與提示詞的符合度；
- 種子值：決定隨機運算的起點，使生成結果具有可重現性；
- 步數與解像度：影響圖像品質與細節的豐富度。

這些設定就如同「提示詞的細節」，稍有不同，圖像結果便會大相逕庭。課程透過探究式學習，讓學生親身操作與比較，逐步建構從感性創作到理性控制的能力，發展更精準的 AI 操作策略。

2.3 跨學科創作任務：走進 AI 的平行時空

當學生具備穩定的圖像生成技巧後，課程將進入整合創作階段。學生將參與主題式任務「假如我在 AI 的平行時空」，結合圖像生成與中英文寫作，創作出具敘事性、情感性與視覺張力的多媒體作品。

這不僅是一次語文與科技的跨界挑戰，更是學生將「技術」內化為「藝術」的歷程。透過具體的圖像生成與主題書寫，學生得以描繪自我想像中的未來世界、身份角色與情感體驗，展現極具個人風格的創作視角。

階段三：假如我在 AI 的平行時空——用圖像與文字，描繪想像中的世界

在本課程的最終階段，學生將進行一項結合創意、技術與語文的綜合性創作任務：「假如我在 AI 的平行時空」。此活動以逆向工程（Reverse Engineering）為學習策略，不再從提示詞出發，而是由觀察現實世界回推到創作靈感，讓學生以更深層的方式連結內在情感與視覺敘事。

從真實場景出發，激發平行時空的想像

課堂一開始，教師將展示多張現實場景照片，題材涵蓋城市風景、自然環境、校園一隅、文化建築等。學生需透過仔細觀察與個人聯想，選擇一張最能觸動自身感受的照片，作為後續創作的靈感源頭。

這個過程不僅培養學生的觀察力與審美判斷，更強調從現實出發，將其轉化為內在的想像圖景，進而開拓學生對「平行時空」的理解與詮釋。

在這個普及教育的教學活動中，以下是其中一位同學的作品。他選擇了一幅難度較高的相片作為創作基礎，該圖像包含明顯的景深及輕鐵車頭細節，對 AI 理解構圖的技術構成挑戰。學生運用進階技術（包括 CFG、提示控制、與模仿重繪等多項設置），成功還原結構，並以卡通化風格重現「平

行時空」效果。作品還原度高，空間層次清晰，展現出其對 AI 圖像生成原理的掌握。雖然輕鐵車身略有縮短，卻正好反映 AI 在處理地區性主題的局限，進一步突顯本活動的解難與創意挑戰。

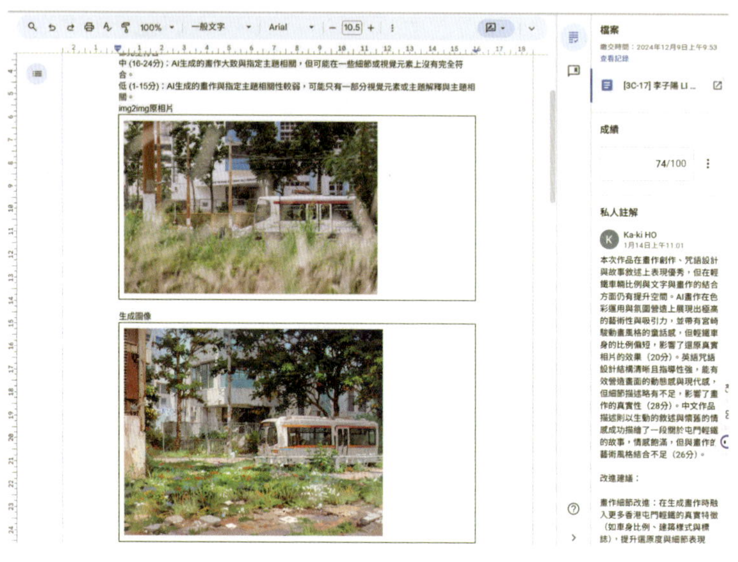

以「平行時空」活動為例，學生會發現僅使用提示詞無法準確生成出如屯門輕鐵等具香港特色的畫面，原因是現時的 AI 大型語言模型未必接受過與香港輕鐵相關的圖像數據訓練。因此，他們需要運用進階方法，如圖像控制技術、參考圖疊合或自訂模型參數，才能創作出真正具有本地文化特色的作品。

這樣的學習歷程不僅讓學生明白 AI 並非萬能，更重要的是讓他們學會如何與 AI 協同，解決具挑戰性的創作任務。

結合 AI 圖像風格轉換，形塑個人視覺敘事

選定靈感來源後，學生將運用生成式 AI 技術，進行風格模仿、構圖重構與主題擴展，創作出屬於自己心中的「平行時空」圖像。圖像不再只是機械化的輸出，而是成為學生投射情感、記憶與幻想的媒介。

學生將學習如何調整提示詞、參數、風格參考圖等工具，讓創作結果更貼近內心構想，並培養視覺敘事的自主性與表現力。

同創共學- 沈中生成式AI 的平行時空

生成式AI圖片 （港式蛋撻）

原圖

3C 莫凱雯、3A 徐佳倩、3C 梁家銘

Enlighten with Wisdom, Manifest with Compassion

在上述作品中，學生透過生成式 AI 技術重塑本地經典美食——港式蛋撻的視覺語言，並結合生活隨筆，描繪出香港茶餐廳文化背後那份獨特的人情味與歷史積澱。

學生運用 AI 不僅是為了「重現」圖像，更是透過提示詞設計、風格選擇與人像表情的細節調整，重新詮釋一種早已融入香港人日常記憶中的文化象徵。從手中托起一盤熱騰騰的蛋撻的老店師傅，到背景中熟悉的餐具與水牌，每一個細節都經過學生的細緻觀察與主動設計，呈現出一幅融合懷舊與現代感的 AI 創作。

同時，學生在文字部分亦展現了強烈的文化意識與敘事能力。他們從日常生活出發，以第一身視角書寫對蛋撻、茶餐廳、本地飲食文化的深厚感情。這份感情不僅是味覺的記憶，更是文化身份與社區歸屬的象徵。

這正正體現了本課程的核心精神：

「讓學生善用 AI 技術，將創意轉化為文化實踐，並透過作品參與社區、記錄時代。」

AI 並非取代創意，而是擴展創意的邊界；教育的任務，不只是教會學生如何操作工具，更是啟發他們如何用這些工具説出自己的故事，演繹我們的文化。

同創共學- 沈中生成式AI 的平行時空

生成式AI圖片　（旅程）

原圖

在清晨的薄霧中，輕鐵靜靜地駛出車站，車輪與軌道的低語如同心靈的呢喃。沿途，翠綠的樹影映在窗玻璃上，彷彿在一幅流動的畫卷中，時間在這一刻凝固。輕鐵的車廂中，乘客們或低頭沉思，或輕聲交談，每一個面孔都藏着故事，彼此的目光交錯，瞬間卻又匆匆而過。
當輕鐵穿越繁華的市區，街道的喧囂漸漸被拋在腦後。窗外，商店的霓虹燈閃爍，彷彿在邀請著人們探索生活的每一個角落。轉瞬之間，輕鐵又進入了靜謐的住宅區，孩子們在遊樂場中嬉戲，笑聲隨風飄散，為這座城市注入了生機。
夕陽西下，輕鐵在金色的光輝中緩緩駛入終點。每一次的旅程，不僅是距離的縮短，更是心靈的交織，在這條軌道上，我們共同編織著生活的點滴。

3C 盧曉曼、3C 梁家銘

Enlighten with Wisdom, Manifest with Compassion

本作品以屯門社區與輕鐵列車為創作主軸，透過文字書寫與生成式 AI 的圖像創作，描繪出一段關於「日常」與「記憶」交織的城市旅程。學生從生活中熟悉的輕鐵景象出發，觀察其在街道與住宅之間穿梭的軌跡，並以感性的筆觸書寫出列車與乘客之間的情感連結。在圖像創作上，學生運用 AI 技術為真實場景注入夢幻而詩意的色彩與光影，將原本冰冷的鐵道轉化為一幅充滿溫度與生命力的畫面。閃爍的光點、繽紛的軌道、雲霧繚繞的背景，象徵着我們在城市日常中所經歷的每一段旅程，不單是移動，更是心靈的投射。作品獲港鐵公司邀請於「港鐵博物館」展出，肯定了學生將創意與科技結合、學以致用的能力。這不僅是對學生藝術表達的鼓勵，亦是一種文化回應——透過創作重新看見社區、看見城市生活的詩意與厚度。

AI 繪圖技術的普及對學生在提升創意和發展未來技能方面的正面影響

隨著生成式 AI 圖像技術的迅速發展，圖像創作早已不再侷限於單一的文字提示。在本年度的課程中，2C 班的 AI 繪畫師孫健欣同學，運用 AI 局部重繪（Inpaint）技術，將一張普通的校園合照轉化為多幅風格獨特、充滿節日氣氛的新年祝福畫作。作品不僅展現了創意與視覺美感，更反映出學生擁有靈活應用進階 AI 工具的能力，具備未來數字創作的潛力。

佛教沈香林紀念中學早於 2023-24 學年便率先設計並推行校本的生成式 AI 教育課程，積極裝備學生面對未來科技社會的挑戰。課程按不同年級，規劃相應的進階學習目標：

- 中一級：聚焦於提示詞工程的基礎訓練，讓學生了解如何透過精準語言與結構設計，引導 AI 生產具體圖像或文本。
- 中二級：深入學習 AI 圖像生成技術，包括風格轉換、局部重繪等應用，並鼓勵學生發展個人風格與主題創作。
- 中三級：拓展至新興媒體設計，學生將 AI 創作與設計理念結合，發展創意產業所需的跨媒體能力。

透過這樣的系統化規劃，學生不僅培養了資訊素養與創意思維，更在課程中激發對 AI 創作與數字設計的濃厚興趣，並逐步探索進入相關行業的可能性。這不僅是一場學習的革新，更是為學生打開通往未來科技與創意世界的大門。

AI 圖像生成與教育應用

原相片

AI 局部重繪：

BSC STEMLAB 2C 班孫健欣同學 AI 生成作品

透過不同的 AI 模型，我們可以創作出多種風格的圖像，只要掌握這些模型背後的運作原理與預設參數的調整方式，創作就不再受限於市面上付費軟件的範本風格，或生成點數的限制。使用開源工具或自建環境，創作者可以更加自由地發揮創意，製作出高度客製化的圖像內容。不僅如此，這些模型更能支援高解像度的輸出，達到一般收費平台難以提供的品質標準，讓 AI 圖像創作具備實際的商業應用價值，無論是用於產品設計、出版印刷或多媒體製作，都能展現更大的彈性與專業度。

賀卡設計者 BSC STEMLAB 2C 班孫健欣同學

AI 生成技術正迅速成為教育領域的一個重要組成部分，它不僅豐富了學生的學習體驗，同時也為他們提供了生涯規劃中，在未來取得成功所需的關鍵技能。AI 繪圖技術的融入，特別是在 STEAM 教育中，有助於學生在各領域的綜合學習。學生的創造力和創新思維得以提升。最後，隨著全球勞動力市場對於具備資訊素養和高技術性的專業人才的需求日益增長，AI 繪圖技術的學習不僅為學生的未來打下堅實的技能基礎，還幫助他們預先適應未來可能面對的數字化挑戰。

總結而言，AI 繪圖技術不只是改變了傳統的藝術創作方式，它更是創新教育的驅動力，為學生提供了一個跨學科的學習環境，還能夠培養出具有創造性思維、共通能力和未來技能的全面發展人才。此外，AI 繪圖技術作為一種多元文化的創作工具，進一步促進了學生對不同文化的理解與欣賞。

AI 進階功能五：多圖融合

多圖融合功能是生成式 AI 中的一項進階應用，它允許使用者輸入多張參考圖片，讓 AI 分析這些圖片的風格、構圖、色彩與主題元素，並融合成一張全新的創作圖像。這種技術不只是一鍵合成，更關係到使用者的觀察力、選擇能力與提示詞設計技巧。

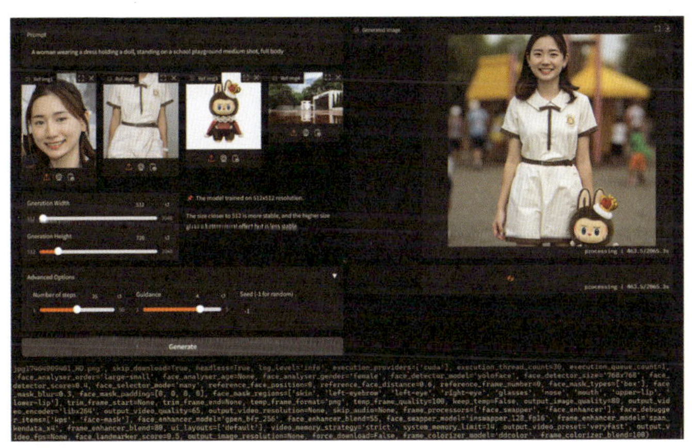

在這次創作中，筆者選擇了四幅不同的參考圖片，透過 Stable Diffusion 的多圖融合功能，讓 AI 分析並綜合圖像中的構圖、色調、人物姿態與場景細節，再生成一幅全新的圖像

這項技術展示了生成式 AI 圖像模型的高度成熟與視覺重構能力，能夠將多個元素融合得自然和諧。然而，觀察者也許會留意到：生成圖像中的人物樣貌，與參考圖像中的真實人物並不完全相似。這並非錯誤，而是 AI 模型本身的運作特性所致。

目前主流的 Stable Diffusion 模型，主要是透過大量的公開圖像訓練而來，並沒有接收過特定的個體人臉數據訓練，除非你是一位名人。因此，它所生成的人物面貌，其實是一種「視覺風格模擬」——AI 根據「整體風格」和「類似樣貌結構」重新繪畫出人物，限制於 AI 所學習的大數據導致照片的人物形象與本人有所出入。

為突破這一限制，筆者進一步採用自訓模型技術，自行訓練出一個專門描繪林詩琦老師樣貌的 LoRA 模型。這項技術讓 AI 能「學會」特定人物的臉部特徵與風格，在後續圖像生成中加入這項資訊，達致更準確的還原效果

教育觀點：技術理解比操作更重要

作為教育工作者，我們有責任引導學生在掌握新興科技時，不僅停留於操作層面，更應深入理解技術背後的原理與限制。生成式 AI 的應用為我們帶來無限創意的可能，但同時也提出了諸多值得深思的教育議題。

以本次創作為例，學生透過多張圖片進行圖像融合，成功生成具視覺風格的構圖。然而，當我們觀察生成圖像中的人物樣貌與原始參考圖的落差時，這不僅是一項技術現象，更是一個教育契機。

我們應引導學生思考以下問題：

- 為何 AI 難以準確還原特定人物的容貌？
- AI 所生成的圖像，究竟是模擬、創作，還是重構？
- 我們應如何看待「真實」與「合理」之間的界線？

這些問題觸碰到的不僅是科技理解，更是關於媒體素養、倫理判斷與文化認知的深層學習。

透過此類討論與實踐，我們得以培養學生以下核心素養：

- 慎思明辨（Discernment）：理性分析 AI 的產出內容，辨識偏差與潛在誤解
- 數據素養（Data Lileracy）：理解模型訓練資料的來源與局限，提升使用 AI 的操作技術及慎思明辨思維
- 創意思維（Creative Thinking）：不拘泥於還原真實，從 AI 的「不準確」中開展新的表達語言

教育的目標，不是讓學生完美使用工具，而是讓他們理解工具的局限，並在其中找到創造與明辨的平衡點。

教育意義：從限制中建構實踐智慧

在本次創作過程中，學生先運用 Stable Diffusion 的 Reference Fusion 技術[7]進行多圖融合，隨後進一步採用自訓的 LoRA 模型還原具體人物面貌。這不僅展現了技術應用的深度，更具備鮮明的教育意義。

這樣的實踐歷程，正正體現了 STEAM 教育所強調的核心素養與能力：

- 解難能力：學生主動辨識 AI 建圖的限制，尋找解決方法並實踐於創作中
- 創新思維：不被技術邊界所限制，反而從中激發出新的視覺與敘事方式
- 跨域實踐：結合視覺藝術、數據科學與科技操作，將課堂所學延伸應用至真實的創作任務中
- 資訊素養：在處理圖像訓練、資料選取與模型輸出時，展現出對資訊的理解、評估與運用能力

這樣的學習，不只是「學會使用 AI」，而是透過 AI 的應用，實踐了跨學科的整合思維與未來公民的關鍵能力。

7 Reference Fusion：將多張圖像融合生成新圖像的技術，AI 會綜合其構圖、色調與風格。

學習 AI，不只於操作，更在於理解、實踐與創造

本次創作經驗，充分體現了生成式 AI 教育的三項核心價值：

- 學生角色的轉變：從被動使用者成為主動設計者與問題解決者
- 學習層次的提升：從操作技術進入理解原理與模型調整的層次
- 創造力的深化：從模仿圖像走向風格塑造與文化敘事的實踐

身處生成式 AI 與跨域學習交會的時代，教育的任務不只是讓學生「跟上科技」，更是讓他們成為能夠駕馭科技、轉化科技、建構未來的創造者。

「中文大學學習科學與科技中心 x 佛教沈香林紀念中學」

何嘉琪、孫芷珊及高樂詩老師獲中文大學學習科學與科技中心邀請拍攝運用生成式人工智能（AI）設計跨科學習活動策略教學影片

何嘉琪（科技科）、孫芷珊（英文科），以及高樂詩（中文科）老師，為「中文大學 - 學習科學與科技中心」拍攝了一系列運用生成式人工智能（AI）技術於跨學習領域的課程設計與學習成果的教學影片，並於香港中文大學學習科學與科技中心論壇「趨勢與前瞻——生成式人工智能的教育應用」發佈。人工智能的進步正迅速改變教育與職場生態。對此，沈中教學團隊迅速回應，設計了以 AI 生成技術為核心的校本跨學科課程。

本課程旨在裝備學生與 AI 有效溝通的能力，為未來的技術變革做好準備，運用新興技術面對人工智能科技所帶來的衝擊。

校本課程同創共學：介紹如何透過校本課程「同創共學 -Learning for Good」設計跨學科學習活動，讓學生學習從 AI 圖像生成（Generative AI）及機器學習（Machine Learning），從科技層面上學習人工智能的基礎原理及應用、從語文科上學習如何寫一段對 AI 的提示詞，讓學生從學習活動當中領略到新興科技與文化及跨領域學習互相依賴的性質。

原文轉載自 2024 年 7 月 8 日《CUHK CLST》

當我們掌握與未來對話的技術，創意便不再屬於過去

作為一位教育工作者，我始終相信：教育的真正使命，不在於複製知識，而在於激發創意；不在於製造標準化的答案，而在於孕育能解決問題的思維。

AI 的出現，讓我們重新思考人類與科技的關係。有人擔心 AI 會取代人類創意，但事實上，AI 只是工具，真正的創意仍源於人心。我們更應該關注的，是如何設計一套有系統、有深度的課程，讓學生懂得如何與 AI 協作，將創意轉化為實踐，將科技轉化為文化載體。

在我們的課堂與項目中，我看見學生運用 AI 技術，不是單純生成圖像，而是將科技與國家傳統文化融合，用新的形式演繹中國意象與社區故事。他們選擇用 AI 描繪節慶、建築、與非物質文化遺產等，把過去與未來交織，創造出充滿想像力與本土情懷的視覺作品。這種創作，不只是「學會了科技」，而是真正做到將所學應用於生活，回應社區，傳承文化。

同創共學課程不僅啟發了學生的創意與表達，更讓他們在對外展示中獲得了來自社區、企業與專業機構的認可與肯定。他們不再只是學習者，更是創作者與文化的再詮釋者。

我們也應正視另一事實：AI 模型的訓練，離不開人類的數據。研究指出，未來 AI 的發展將受到人類數據產能的限制。這正說明，真正掌握未來的，並不是 AI 本身，而是那些

懂得如何使用 AI、引導 AI、與 AI 合作的人類。

"真正被淘汰的，不是人類，而是那些拒絕學習、拒絕與 AI 合作的人。"

未來的變革，不是人與 AI 的對抗，而是懂得善用 AI 的人，取代不懂得應用 AI 的人。因此，在教育路上，我們的責任，不是教學生使用「罐頭工具」，而是要教他們如何提問、如何解難、如何把 AI 轉化成創作與實踐的力量。

在這個背景下，我們更應重申 STEAM 教育的核心價值：不是為了學科整合而整合，而是為了解決真實世界的問題，提升學生的解難能力與社區意識。

當我們要求學生撰寫一個能夠輸出高質素的提示詞，這本身就是一種解難過程。他們需要觀察、理解、預測、修正，這些正是未來 AI 世代中最不可或缺的能力——提出一個準確、清晰、有邏輯的提示詞，本身就是一種高階思維的表現。

可惜的是，在追逐科技操作的熱潮中，我們往往忽略了這些「最基礎的學習」。一個真正能與 AI 協作、能在資訊洪流中思考與創造的學生，才是面向未來的關鍵人才。AI 並不可怕，無知才令人擔憂。未來的教育，不是教學生取代 AI，而是教他們與 AI 一同成長。

教育的本質，始終是為人而設。願我們在這條教育之路上，繼續以人為本、以創意為橋，讓學生走出課室、走入社區、走向世界，在傳統與創新之間，寫出屬於他們這一代的文化篇章。

"創意，不會因科技而消失，只會因教育而被啟動。"

AI 於資訊科技科的應用

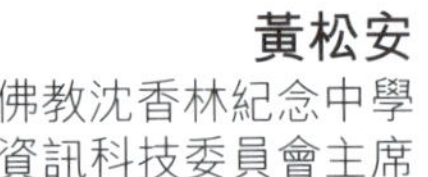

黃松安
佛教沈香林紀念中學
資訊科技委員會主席

作者簡介

黃松安負責管理學校的資訊科技基礎設施並領導資訊科技團隊，確保著數位環境的安全與高效。在快速發展的 AI 時代，黃松安致力於保持學校在前沿的發展。通過工作坊、培訓課程和合作項目，他盡力使學生能夠充分了解應用 AI 的可能性，為學生未來在 AI 主導的世界中做好準備。

簡介

人工智能（AI）已成為當今科技發展的主要驅動力，其影響力已超越資訊科技領域，滲透到教育、醫療、商業等各個範疇。作為資訊及通訊科技科的教育工作者，我們有責任讓學生不止於了解 AI 的基本概念，更要掌握如何將其應用於解決實際問題的能力。本文將分享我校近年在人工智能跨學科應用方面的嘗試與成果。這些項目的果效不僅提升了學生的學習興趣和效率，更為未來的教育創新提供了可行的範例。

跨學科同創共學——生成式圖像帶來的教學創新

透過與「同創共學」學科的跨學科協作，我們革新了傳統的硬件教學模式。學生首先接觸各種網上生成式 AI 圖像平台，比較它們的功能特點和運作機制。這一階段是先讓學生理解不同平台的優缺點，包括生成速度、支援的功能、使用者介面的友善程度及收費模式等。

學習過程中，我們特別引入了開放式源碼（Open Source）的概念，讓學生了解除了商業平台外，還有自行架設 AI 伺服器的可能性。以 Stable Diffusion 這類開源平台為例，學生學習到如何透過自行架設的伺服器獲得更大的自由度和控制權，同時避免商業平台的使用限制和額外費用。

在硬件探究環節，學生深入研究不同硬件組件對 AI 系統效能的影響。他們了解到高效能的處理器、專業級圖形卡、充足的內存和高速存儲設備如何協同工作，共同支持 AI 模型的訓練和推理過程。這種深入淺出的講解方式，讓學生對抽象的硬件概念有了更切實的理解。

這種實用導向的學習方式，將抽象的硬件知識與切實可行的應用場景結合起來，提升了學生的學習動力。學生不再只是被動接受課本知識，而是主動參與電腦組裝的全過程，親身體驗 DIY 組裝電腦的樂趣。最令人鼓舞的是，學生完成的 AI 圖像生成伺服器最終成為全校師生的共用資源，讓更多同學受惠於這項技術成果。這種「動手做」的教學模式，不僅深化了學生對硬件知識的理解，還培養了他們的團隊協作能力和解決實際問題的技能。

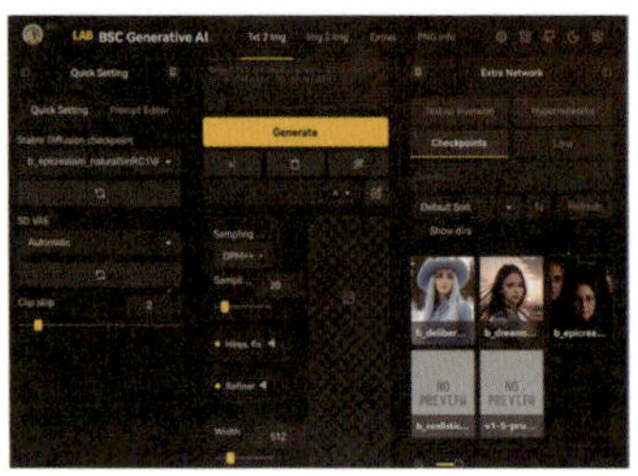

佛教沈香林紀念中學
BUDDHIST SUM HEUNG LAM MEMORIAL COLLEGE

校本課程 - 同創共學
中四 資訊及通訊科技
AI 人工智能應用: 我是 AI 硬件設計師

姓名:____________
班別:________
學號:________

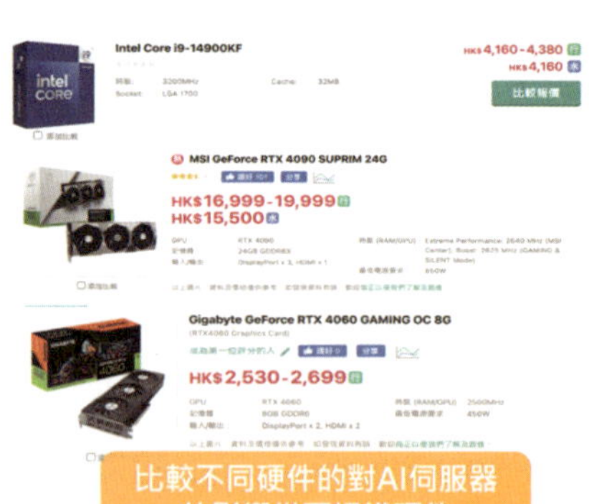

比較不同硬件的對AI伺服器的影響從而認識硬件

「學生智能助理」的跨學科應用

團隊受到「Vibe Coding」概念啟發，積極開發了全港首個以人工智能協助學生學習的「學生智能助理」系統。Vibe Coding 的概念是通過向 AI 描述目標與需求來自動生成程式，取代了繁瑣的逐行編碼，這概念徹底加速了我們開發教學工具的速度。

以往學生在學習編程時常常因語法錯誤而感到挫折，我們的「學生智能助理」系統最初以協助學生編程除錯及解題為目標。學生只需貼上未能運行的程式代碼或未能了解的題目，系統會提供除錯後的版本及解釋當中的邏輯概念，這大大降低了編程的入門門檻，讓更多學生能夠感受到編程的樂趣。

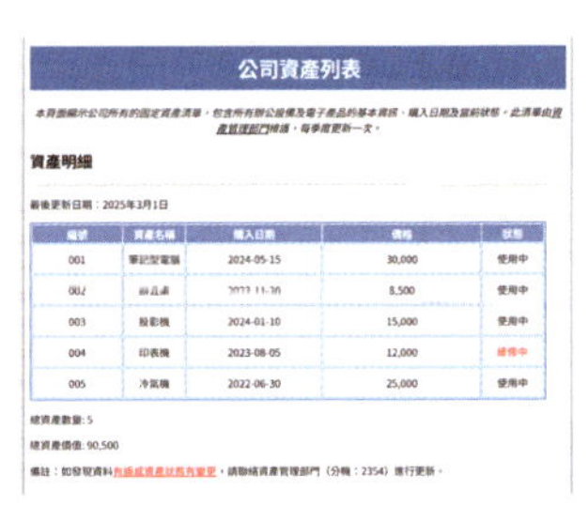

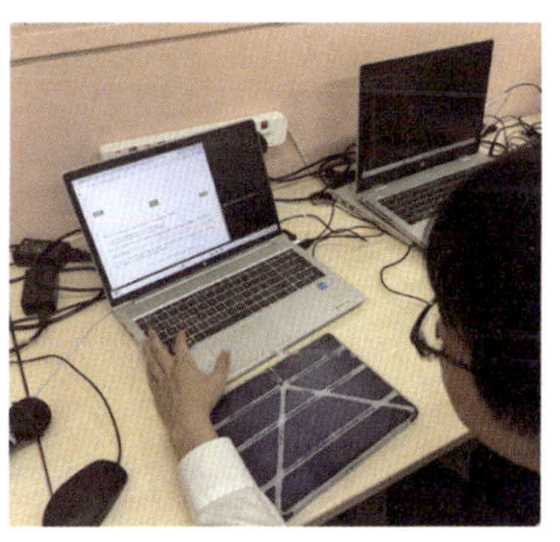

透過 Vibe Coding 概念快速開發系統

隨著系統的不斷完善，我們發現這一技術可以延伸至更多學科。了解到學生在使用 AI 工具時撰寫提示詞的困難，我們與校內多個學科部門合作，設計了一系列專門的智能助理：

- 科學實驗推介助理：學生只需輸入課題，助理會推薦適合在日常生活中進行的科學實驗方案
- 英文文法檢查助理：學生只需貼上文章，助理會即時檢測和修正學生作文中的語法錯誤，提供專業的改進建議
- 食物營養分析助理：學生只需貼上食物或食譜，助理會分析食物成分和營養價值，設計健康餐單

科學實驗推介助理

27/3/2025 英文 2E1 孫正珊老師

課堂任務是要求學生使用現在完成式（Present Perfect Tense）撰寫五個句子。為了完成這個任務，學生可以採用兩種工具：「英文語法檢查」和「英文翻譯成中文」。使用流程如下：首先，學生自行撰寫包含現在完成式的句子；接著，他們使用「英文語法檢查」工具來檢查文法是否正確。然而，在修正文法後，句子的意思可能與學生原本想表達的內容有所差異。因此，學生會進一步使用「英文翻譯成中文」工具，將句子翻譯成中文，以確認句子的意思是否與他們最初想表達的意圖一致。透過這兩個工具，學生能夠進行雙重自我評估，確保句子的文法正確且意思準確。

學生作品：

5. I have ridden is a helicopter and in a jumbo jet, but I haven't ridden in a spaceship yet.
6. I have traveled by boat, by ferry, and by car but I haven't traveled anywhere by hot air balloon.
7. I have been to Paris, London, Bern, and Washington, D.C., but I haven't been to Vienna, Istanbul, or Beijing.
8. I have eaten French, Chinese, and Italian food, but I haven't eaten Thai, Brazilian or Russian food yet.

I have _____ but I have not _____.

1. I have bought a book, but I have not read it yet.
2. I have adopted a dog, but I have not taken it for a walk.
3. I have made many friends, but I not invited them over. ✗ (I have made many friends, but I have not invited them over.)
4. I have purchased a new phone, but I have not set it up.
5. I have creat a plan, but I have not started implementing it. ✗ (I have created a plan, but I have not started implementing it.)

黑色文字為學生寫的原句，藍色文字為經工具更正的句子

8. I have eaten French, Chinese, and Italian food, but I haven't eaten Thai, Brazilian or Russian food yet.

I have _____ but I have not _____.

1.I have studied English,but i have not study Maths. (I have studied English,but I have not studied Maths)
2.Ken has not drove the taxi,but I have drove the taxi. (✓)
3.Kelvin has not worked the homework,but Jayden has worked the homework. (✓)
4.Mr Tse and Miss Suen have not eaten the breakfast,but they have eaten the lunch. (✓)
5.Jade have done the homework, but i has not done the homework. (Jade has done the homework,but i have not done the homework.

This learning app can give correct answers to help students,I think this is so convenient.

工具能有效更正大部分句子（以上例子句子2除外）

學生反思節錄：

- "This learning app can give correct answers to help students,I think this is so convenient." （「這個學習應用程式(AI)可以提供正確的答案來幫助學生，我覺得這非常方便。」）
- "This tool is very easy to use, easy to understand and very convenient." （「這個工具使用起來非常簡單，容易理解，而且非常方便。」）
- "I think this page is very good because it can help us fix errors." （「我認為這個頁面(工具)很好，因為它可以幫助我們修正錯誤。」）

學生上課情況：

英文文法檢查助理

學生透過「食物營養分析助理」，在製作食物時同時了解食物的營養成份

這些智能助理有效解決了學生在運用生成式 AI 工具時的痛點——不知如何問一條好問題。每個助理都預先設定了特定領域的專業知識框架，學生只需簡單輸入需求，即可獲得高質量的專業指導。這種跨學科的學習模式不僅提高了人工智能技術的應用廣度，也促進了各學科教師之間的專業交流，為學校創造一個更加開放和創新的教學環境。

人工智能技術的應用大幅縮短了系統開發時間。傳統教育軟件的開發需要投入大量的人力資源來編寫教學內容和設計學習路徑，而利用人工智能技術，我們能夠快速生成和優化教學內容，讓更多創新的教學理念得以實現。

隨著人工智能在教育領域的應用正在不斷深入，作為資訊及通訊科技科的教育工作者，我們有責任引領學生理解和掌握這些技術，並將其應用於跨學科的學習中，為學生的全面發展和未來競爭力打下堅實基礎。

Application of Generative AI in Secondary School English Teaching

Suen Suzanne Tse Shan（孫芷珊）

Ms. Suen Suzanne Tse Shan, Buddhist Sum Heung Lam Memorial College, Hong Kong, English Language Education KLA Head, Innovation Learning Committee Head.

Currently the English Language Education KLA Head and Innovation Learning Committee Head of Buddhist Sum Heung Lam Memorial College, Hong Kong. She is a guest speaker at the Education University of Hong Kong and Chinese University of Hong Kong, where she discusses strategies to engage students with low English learning motivation and the use of e-tools and AI in English learning. She is also an English trainer for the AiTLE Primary School Innovation Design VR/AR Design Award(TIDA) and Learning for Good-AI Prompt Spell Artist(APSA) Competition. Additionally, she was invited as a guest speaker at the "Professional Sharing, Academia

Shining" Knowledge Fair 2023 and Learning & Teaching Expo 2024, where she shared teaching practices related to value education and increasing learning motivation in an English classroom. She received a Silver award in 2023, and a Gold award in 2024 in the HKU Outstanding e-Learning Awards - STEM & Computational Thinking Education.

Introduction

Generative Artificial Intelligence(GenAI) has transformed English language teaching by offering innovative ways to engage students and enhance their learning experience. As a global language, English demands not only linguistic proficiency but also creativity and motivation. At Buddhist Sum Heung Lam Memorial College(BSC), we go beyond the theoretical discussions and have integrated GenAI into our English curriculum to foster cross-disciplinary learning. This chapter shares our practical experiences, demonstrating how GenAI enhances motivation in English learning, assists as a self-assessment tool for secondary school students in English learning, and provides actionable insights for educators in Hong Kong and mainland cities in the Greater Bay Area.

The Value of GenAI in English Learning and Teaching

We have adopted Leonardo AI for their image creation and real-time generation functions as cornerstone tools in our English teaching practices, leveraging these capabilities to enhance language learning. Leonardo AI' s text-to-image and image-to-image functions enable students to transform written prompts into detailed visuals, or convert one image to another, offering a dynamic way to explore the relationship between language precision and output. This process encourages students to refine their vocabularies and sentence structures to achieve desired results, fostering a deeper understanding of English as a communicative tool. The real-time generation feature further amplifies engagement by providing instant visual feedback, allowing students to experiment with language and immediately see the impact of their word choices.

These tools promote creativity, and most importantly, I believe it is a highly practical instrument for students' self-assessment, especially when they are composing descriptive writing tasks. Students can reflect on their writing based on the visual results and therefore revise their works for a more accurate prompt. As the prompt is essentially the writing itself, this tool is also effective in boosting students' motivation and interest in writing.

Practical teaching designs and their implementation

Case 1: Text-to-image AI in Cross-Disciplinary Project — "A Food Digital Recipe"

We designed a Language-across-the-Curriculum(LaC) project for all Secondary 1 students, combining English,

Application of Generative AI in Secondary School English Teaching

Home Economics, and STEAM to create digital recipes. The project structure is as follows:

Order	Subject	Learning focus/ objective
1	STEAM	To explore the functions and method of generating art works by using text-to-image AI
2	English Language	To construct a digital recipe of their favourite dishes with an attractive picture
3	Home Economics	To explore the cooking steps, ingredients and safety of cooking; to cook chicken wings

Teaching Design

Pre-Lesson Tasks: Students studied ingredient names, cooking verbs, and recipe text features.

Students explore thematic vocabularies related to recipe writing before the lesson

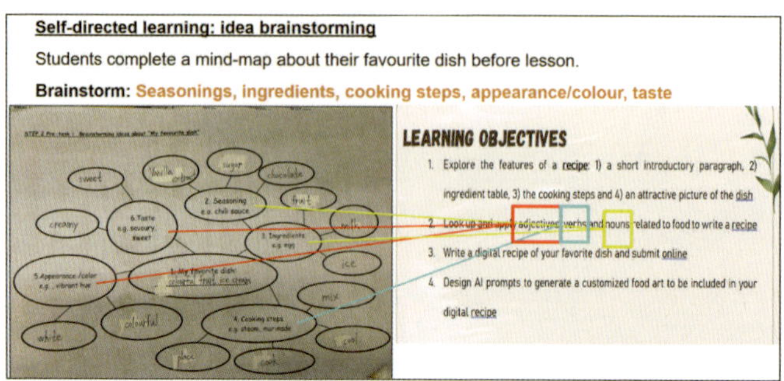

Students generate a mind map of their favourite dish before the writing lesson

Writing Process: Students wrote recipes(including an introduction, ingredients, and steps) and input them into GenAI to generate dish images. They were prohibited from naming the dish directly to ensure language accuracy influenced the output.

Reflection and Revision: Students uploaded drafts and generated images to Padlet, allowing teachers to track progress and guide improvements. Students displayed remarkable enthusiasm during drafting and revising, motivated by the desire to create visually enticing representations of their favourite dishes. This process not only honed their writing skills but also deepened their engagement with English.

Student case

Consider Student A, who eagerly shared his passion for Chicken Shawarma, a Middle Eastern dish akin to kebab. Surprisingly, neither classmates nor the teacher recognized it. Barred from using the internet to clarify, Student A was challenged to use GenAI to convey the dish' s essence through his writing. This unique opportunity fueled his determination to craft a vivid description, as he sought to educate his peers through a compelling AI-generated image. His iterative revisions, tracked on Padlet, reflected growing precision in vocabulary and structure, ultimately producing a striking visual that captivated the class.

First Draft: Vague Verb Usage in Prompt Writing

Student A's initial prompt yielded an unsatisfactory image, where he reported there were excessive cherry tomatoes and a misplaced tortilla slice.

Generated image of Student A's first prompt draft displays an excessive number of cherry tomatoes and a mispositioned/absent tortilla wrap

STEP 4 - Evaluating the first generated picture and revising the prompts

Evaluate your picture with the checklist below.

Checklist items	✓/✗	Changes in the prompt
Is the dish correct?	1→2 ✗	less tomatoes. These 3 little cherry tomatoes.
	2→3 ✓	No tortilla slice.
Does the appearance match with your imagination?	1→2 ✗	didn't add a tortailla slice on the outside. add a slice of tortilla on my shawama.
	2→3	The tortilla is a crispy, thin, grilled slice of flour dough. It wraps around each piece of chicken

Student A's evaluation of his first generated picture

It is not difficult to identify the reasons behind an unsatisfactory outcome by analyzing his initial draft.

> Prompt Draft 1
>
> Generate a picture of a dish. My dish has pepper, garlic, olive oil, and red chilli powder. The ingredients are tomatoes, lemon, and chicken. First, mix the garlic powder, cinnamon, nutmeg, paprika, cardamom and salt. Next, cut the chicken into stripes. Then, toss the chicken and spices together. Next, drizzle the mixture with olive oil. Finally, cook the chicken on medium-high heat for 8 minutes on each side together. **The dish has a white tortilla slice.** The dish tastes tangy and spicy.

The teacher examined the prompt with Student A and concluded that using the verb "has" to describe the tortilla slice might be too ambiguous for GenAI to interpret. The student was advised to employ more objective and precise language in his writing.

Second draft: slight improvement in the accuracy of language

> Prompt Draft 2
>
> The ingredients include a few cherry tomatoes, lemon, …
>
> …The dish has a slice of tortilla around the chicken shawarma…

Application of Generative AI in Secondary School English Teaching

In the second draft, Student A has included the phrase "a few" to specify the number of cherry tomatoes in his artwork. He also added the preposition "around" in his prompt, hoping to generate an image of all the ingredients wrapped in a tortilla slice. Although there are fewer cherry tomatoes in the second draft, he expressed disappointment that the draft remained unsatisfactory, as the tortilla wrap was still missing or appeared to wrap each piece of chicken individually.

Generated image of Student A's second prompt draft displays fewer cherry tomatoes but still a mispositioned/absent tortilla wrap

Final draft: Refined verb usage and description

> Prompt Draft 3
>
> …There is A PIECE OF DOUGH wrapping around all the ingredients. …

In the final draft, he has successfully created an ideal Chicken Shawarma artwork by using a more precise verb phrase "wrap around". This improvement has enhanced both the clarity and effectiveness of his description.

Generated image of Student A's final prompt

Student learning outcomes

Students generally reported that they had learned more cooking verbs, adjectives, and noun phrases to describe the dish. They also enhanced their ability to use details accurately in their descriptions. In conclusion, it is evident that they had made significant progress in descriptive writing.

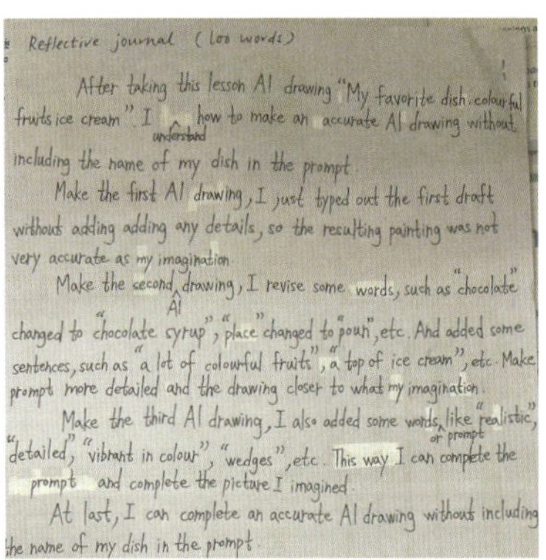

Reflective journal (100 words)

After taking this lesson AI drawing "My favorite dish. colourful fruits ice cream" I understand how to make an accurate AI drawing without including the name of my dish in the prompt.

Make the first AI drawing, I just typed out the first draft without adding adding any details, so the resulting painting was not very accurate as my imagination.

Make the second AI drawing, I revise some words, such as "chocolate" changed to "chocolate syrup", "place" changed to "pour", etc. And added some sentences, such as "a lot of colourful fruits", "a top of ice cream", etc. Make prompt more detailed and the drawing closer to what my imagination.

Make the third AI drawing, I also added some words or prompt, like "realistic", "detailed", "vibrant in colour", "wedges", etc. This way I can complete the prompt and complete the picture I imagined.

At last, I can complete an accurate AI drawing without including the name of my dish in the prompt.

Student B's reflection on the writing process of her favourite dish, chocolate and fruit ice cream.

Apart from an observable improvement in English descriptive writing, the project has successfully motivated these students to further take part in projects and competitions related to English Language and innovation technologies.

Several students who went through the learning process also volunteered as English AI digital anchors for BSC Culture, the AI campus television channel of BSC. This initiative aims to promote and preserve both Chinese and local Hong Kong culture, covering topics such as technology, fishing, police alerts, national security, film, and English reading promotion.

Students serving as AI digital anchors for BSC Culture, the AI campus television channel of BSC

These AI programs were enrolled in different competitions, such as the "2nd Shenzhen-Hong Kong-Macao Youth Creative Design Competition." This competition attracted 672 schools from the three cities, with over 6,000 entries submitted. The students' project was selected as one of the top 20 finalists across all regions, and ranked among the top three in the Hong Kong category, an achievement that speaks volumes about their creativity and hard work. Given the positive reinforcement, this experience has no doubt increased the motivation for students to engage in English activities and these students served as a role model for their counterparts at school.

the "2nd Shenzhen-Hong Kong-Macao Youth Creative Design Competition" prize presentation ceremony

Case 2: Image-to-Image AI Project: Transforming Images, Crafting Words

Following the observable learning outcomes and achievements from case 1, we extended learning opportunities to ignite creativity and equip them with further knowledge in image-to-image AI in the succeeding year.

The project is structured in three sequential stages, each involving a specific student group or subject area with clear learning objectives:

Order	Subject/ Student Body	Learning focus/objectives
1	BSC Studio （Media Creation Student Group）	Objective: To capture original images serving as foundational material for AI transformation. Description: BSC Studio, a student-led media creation team, photographs diverse themes such as Tuen Mun's local culture, traditional heritage, and scenic landscapes. These images provide the base, copyright-free material for subsequent AI-driven modifications.
2	STEAM	Objective: Learn and apply image-to-image AI techniques to transform images. Description: Students experiment with image-to-image AI tools, including Stable Diffusion, models, and LoRAs, gaining hands-on experience in using AI to convert one image into another, such as altering a daytime scene to nighttime.
3	English Language	Objective: Enhance descriptive writing and creativity through AI prompt crafting. Description: Students analyze the original BSC Studio images, brainstorm imaginative elements to include in AI prompts, and create new artworks. They iteratively revise prompts to improve clarity and achieve more satisfying visual outcomes.

We can explore Student C's case. His work is named The Crab Catcher.

First, Student C extracted a picture description by using AI, applied a Model and LoRAs and used image-to-image to generate another picture.

Original Picture by BSC Studio: a woman holding two sea crabs in a local seafood market

Prompt (generated by AI image description function):
Image is a candid photograph taken in a bustling seafood market. The layout is centered on a person holding two large crabs, one in each hand. The individual is wearing a blue apron over a purple shirt and a protective face mask. The person has short black hair and light skin. The crabs are dark green and black, with their claws bound. In the background, there are several fish tanks and a

group of people, some wearing masks, indicating a busy market environment. Red pendant lights hang from the ceiling, casting a warm glow. The floor is wet, typical of a seafood market setting. This is a traditional seafood market scene.

First image-to-image transformed picture

Image-to-image guidance details:

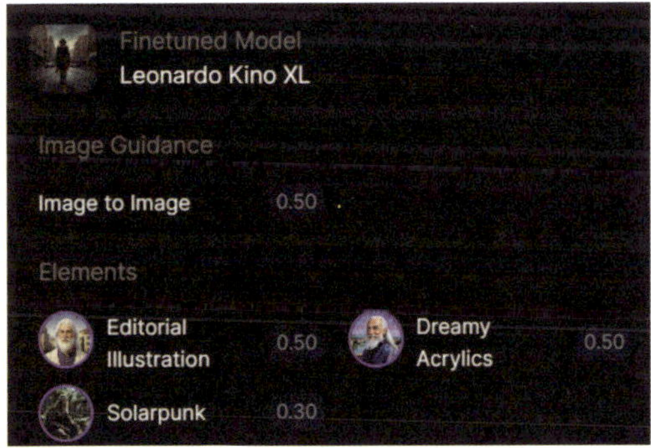

Guidance details of the first image-to-image transformed picture

Then, students were asked to add descriptions to photo details. Student C added descriptions to the colours of the crabs, which made the crabs more colourful.

Prompt（changes highlighted）:
My image ··· **The crabs are multi-coloured,** with their claws bound. In the background, there are several fish tanks and a group of people, some wearing masks, indicating a busy market environment···

Second image-to-image transformed picture

Image-to-image guidance detail:

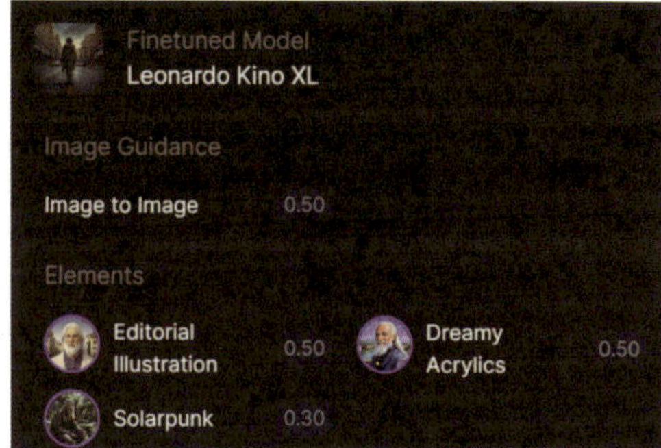

Guidance details of the second image-to-image transformed picture

Application of Generative AI in Secondary School English Teaching

Then, students were asked to add descriptions to the overall atmosphere of the picture. Here is what Student C added.

> Prompt（changes highlighted）:
> My image ··· The crabs are multi-coloured, with their claws bound. In the background, there are several fish tanks and a group of people, some wearing masks, indicating a busy market environment···.. **The overall atmosphere is lively and vibrant, capturing the essence of a traditional seafood market scene.**

Third image-to-image transformed picture

Image-to-image guidance details:

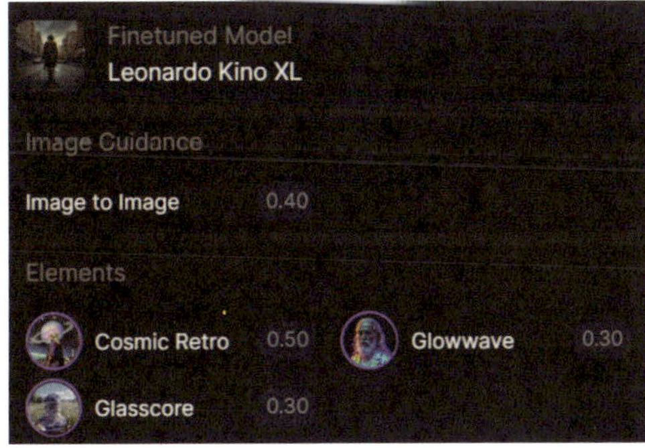

Guidance details of the third image-to-image transformed picture

At last, Student C added a description to modify the background of the picture. He imagined sparkling sea stars in the background, so he wrote the following:

Prompt（changes highlighted）:
My image is ... The crabs are multi-coloured, with their claws bound. In the background, there are several fish tanks and a group of people, some wearing masks, indicating a busy market environment. **There are colourful stars sparkling in the background.** …The overall atmosphere is lively and vibrant, capturing the essence of a traditional seafood market scene.

Final image-to-image transformed picture

Image-to-image guidance details:

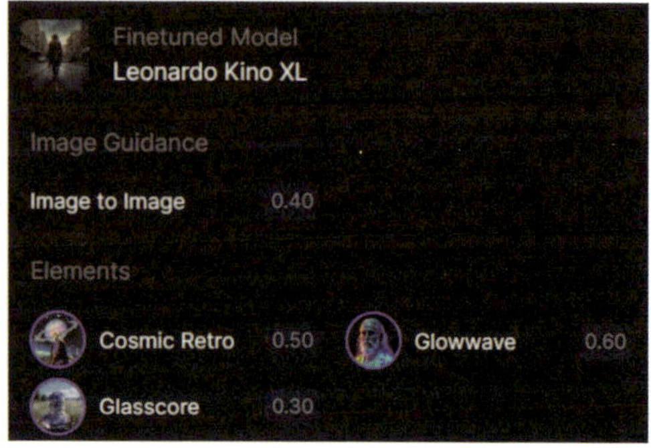

Guidance details of the final image-to-image transformed picture

Student learning outcomes

Student C developed key descriptive writing skills through a structured process involving AI prompt crafting and iterative revisions.

BSC STEMLAB
Be alive with creativity

同創共學- 沈中生成式AI 的平行時空

Generative AI photo "Blue Harbor Haven: The Fisherman's Tale"

Original photo

In the clear blue harbor, the fishing boat is quietly moored, like the watchman of the years. The sunlight is pouring, and the waves of the sea are intertwined with the mottled hull, reflecting the simplicity and toughness of the fisherman's life. Fishermen went out to sea in the morning and returned with the stars and the moon. They played games with the wind and waves on the vast blue sea. Every time they spread their nets, they were full of enthusiasm for life. For them, this blue is the livelihood and the stage for dialogue with nature. Looking at this blue fishing scene, I realized that although there are storms and waves in life, there is also such a peaceful harbor. We are all like the drifting fishing boat, looking for direction in the ocean of life, and this blue fishing shadow is a comfort when we are tired, reminding us to stick to hope and find the power of life in the ordinary.

1C CHAN YU YAO

Enlighten with Wisdom, Manifest with Compassion

Student Learning Outcome - AI generated image and derived descriptive writing

1.Precision in Word Choice

Student C learned to select precise vocabulary to achieve specific visual outcomes. By revising his prompt to describe the crabs as "multi-coloured" instead of "dark green and black," he enhanced the vividness of the image, understanding that specific adjectives directly influence the AI's output.

2.Enhancing Visual Detail

Through iterative prompt revisions, Student C developed the ability to enrich visual elements in his writing. Adding details like the "multi-coloured" crabs and later "colourful stars sparkling in the background" demonstrated his growing awareness of how nuanced descriptions can transform a scene. He learned to focus on sensory details—color, texture, and placement—to make his writing more evocative and aligned with his creative vision.

3.Crafting Atmosphere

By incorporating phrases like "lively and vibrant" to describe the overall atmosphere, Student C learned to convey mood and tone in descriptive writing. This step required him to think beyond physical details and consider the emotional impact of the scene, a critical skill in creating immersive narratives. He understood that atmospheric descriptions unify a piece, enhancing its appeal to the audience.

4.Creative Imagination in Context

Adding imaginative elements like "sparkling sea stars" to the background showed Student C's ability to blend creativity with context. He learned to balance realistic descriptions (e.g., the seafood market) with fantastical additions, ensuring they harmonized within the scene. This skill enhanced his ability to craft engaging, original descriptions that captivate readers.

In summary, Student C's journey with "The Crab Catcher" illustrates significant growth in descriptive writing. He explored using more precise vocabulary, enriched sensory details, conveyed mood, embraced iterative and balanced creativity with context. These skills, honed through the image-to-image AI process, enabled him to produce vivid, effective descriptions that translated seamlessly into compelling visuals, aligning with the project's goal of fostering cross-disciplinary creativity and language proficiency.

Displaying and acknowledging student learning outcomes can greatly enhance students' confidence and motivation in learning. Therefore, we enrolled students who underwent the image-to-image AI curriculum to join the 2nd "Hong Kong Impression: AI and Hong Kong Culture Fusion Journey" AI-Generated Art Design Competition, organised by Hong Kong Educational Equipment Industry Association, where students secured five Outstanding Awards and Silver Awards.

The 2nd "Hong Kong Impression: AI and Hong Kong Culture Fusion Journey" AI-Generated Art Design Competition Prize Presentation Ceremony and portraits of awarded students

Conclusion

Generative Artificial Intelligence （GenAI） has proven to be a transformative force in English teaching at Buddhist Sum Heung Lam Memorial College, igniting student creativity and motivation while fostering cross-disciplinary learning. Through innovative projects like the digital recipe creation and image-to-image AI initiatives, tools such as Leonardo AI have empowered students to refine their descriptive writing, enhance precision, and connect language to real-world contexts. From Student A's vivid Chicken Shawarma to Student C's imaginative "Crab Catcher," our students have demonstrated remarkable growth in crafting evocative prompts that translate into compelling visuals. Their achievements, celebrated through awards in competitions like the 2nd "Hong Kong Impression: AI and Hong Kong Culture Fusion Journey," underscore the power of showcasing learning outcomes to boost confidence and engagement. Platforms like BSC Culture further amplify these efforts, blending English proficiency with cultural storytelling, as seen in students' roles as AI digital anchors. For educators in Hong Kong and the Greater Bay Area, our experiences highlight GenAI's potential to make English learning dynamic, relevant, and inspiring. By embracing these tools, we can equip students with the linguistic and innovative skills needed to thrive in a global, tech-driven future, fostering a new generation of creative communicators.

Other Artworks by Students

同創共學- 沈中生成式AI 的平行時空

Generative AI photo

"Dragon Boat Racing Paddles in Sync"

Original photo

My Image captures a vibrant and dynamic scene of a dragon boat race on a bustling waterway. There are only men. The whole picture is vibrant in colour. The layout is horizontal, showcasing multiple long, narrow boats filled with rowers. The rowers, predominantly male, display a range of skin tones from light to medium, and are dressed in colourful athletic gear, including white, green, and pink jerseys. Each boat is adorned with decorative elements, such as flags and dragon heads, adding to the festive atmosphere. The water is choppy, indicating the vigorous paddling of the participants. In the background, larger vessels and spectators can be seen, adding depth and context to the event. The overall scene is lively and energetic, capturing the essence of a traditional cultural celebration.

2C LEE CHUNG MAN

Enlighten with Wisdom, Manifest with Compassion

同創共學- 沈中生成式AI 的平行時空

Generative AI photo

"A Day of Fishing"

Original photo

My image is a candid outdoor photograph featuring two individuals fishing on a concrete pier by the water. The primary subject is an older man with light skin, wearing a straw hat, glasses, a blue and white plaid shirt, and jeans. He is seated on a blue bucket, holding a fishing rod, and appears focused on his task. In the background, another person with light skin, wearing a white hat and maroon jacket, is seated on a stool, also engaged in fishing. The scene is set against a backdrop of calm blue water and distant mountains, with a colourful sparkling sky overhead. A row of high-rise buildings is visible across the water, adding an urban element to the serene setting. The pier is equipped with a white metal structure, possibly a light pole, adding to the composition's balance.

2A WONG TSZ WING

Enlighten with Wisdom, Manifest with Compassion

Application of Generative AI in Secondary School English Teaching

BSC STEMLAB

Be alive with creativity

同創共學- 沈中生成式AI 的平行時空

Generative AI photo "A Taste of Delight: Pastries and Tea at a cha chaan teng"

Original photo

My image is a vibrant, well-lit photograph of a cozy café setting featuring a table with an assortment of pastries and a cup of tea. The table is adorned with two colorful plates, each holding a variety of baked goods. On the left plate, there is a custard tart with a glossy yellow filling, a round pastry with a red cherry on top, and a couple of buttery cookies. The right plate displays a slice of sponge cake with visible nuts and another pastry with a red cherry center. The cup of tea is white with a red and black logo, featuring the words 'Black & White' and a cow illustration, placed on a matching saucer. In the background, there are wooden chairs and a menu stand with Chinese characters, adding to the warm and inviting atmosphere of the café.

2C KWOK KA KIT

Enlighten with Wisdom, Manifest with Compassion | 明 智 顯 悲

BSC STEMLAB

Be alive with creativity

同創共學- 沈中生成式AI 的平行時空

Generative AI photo "Crab Catcher"

Original photo

My image is a candid photograph taken in a bustling seafood market. The layout is centred on a woman holding two large crabs, one in each hand. The individual is wearing a blue apron over a purple shirt and a protective face mask. The person has short black hair and light skin. The crabs are multi coloured, with their claws bound. In the background, there are several fish tanks and a group of people, some wearing masks, indicating a busy market environment. There are colourful stars sparkling in the background. Red pendant lights hang from the ceiling, casting a warm glow. The floor is wet, typical of a seafood market setting. The overall atmosphere is lively and vibrant, capturing the essence of a traditional seafood market scene.

2B LEUNG PAK YIN

Enlighten with Wisdom, Manifest with Compassion | 明 智 顯 悲

How AI technology can support the teaching of reading comprehension

Paul Sze（施敏文）
Professional Consultant (Hon.)
Dept of Curriculum and Instruction, CUHK

Dr Sze was formerly a secondary school teacher, an education inspector (English) with the Education Department of the HK Government, a lecturer (English) at Northcote College of Education, and a senior lecturer at the Department of Curriculum and Instruction, The Chinese University of Hong Kong (CUHK). He is currently an Honorary Professional Consultant of the CUHK Faculty of Education.

Dr Sze has over 30 years of experience in English Language teacher education. He was honoured with the CUHK Vice-Chancellor's Award for Teaching Excellence（香港中文大學校長模範教學獎）in 2005, after receiving the Faculty exemplary teaching award on several occasions. Dr Sze was the founding chairperson of the Hong Kong Basic Competency Assessment (English) Development Committee. He has been the Chief Examiner for Territory-wide Student Assessment for Primary 6 English, as well as an Accredited External School Reviewer of the Education Bureau, HKSAR.

He is currently teaching ELT methodology courses on the MA ELT and the PGDE programmes at CUHK. In 2018, he was named by the Flipped Learning Global Initiative (FLGI), the international leading professional organization in flipped learning, as one of the world’s top 50 leaders (Higher Education) in flipped learning. He possesses a Higher Education Teaching Certificate from Harvard University. One of his academic interests is technology-enhanced language learning. He is currently a Microsoft Educator Master Trainer, a Microsoft Innovative Educator Expert, a Google Certified Educator (Level 2), and a Google Certified Trainer.

INTRODUCTION

Ever since the birth of ChatGPT slightly more than two years ago, there has been a plethora of AI tools which can assist language teachers in creating resources of different types to support the teaching of reading comprehension. This article serves two purposes: (1)to introduce to language teachers some ways to leverage AI technology to support the teaching of reading comprehension, and (2) to suggest some AI tools that serve that purpose.

This article will focus on three issues in connection with the above purposc:

- Generating customized reading texts.
- Generating a variety of reading comprehension questions to accompany a reading text.
- Other AI possibilities that support the teaching of reading comprehension.

To stick to the above focus, this article will NOT deal with:

- AI-enhanced activities and tools for teaching extensive reading (out-of-class reading for pleasure and enrichment);
- multimodal reading texts;
- AI-personalized adaptive reading platforms, such as Readtheory; Microsoft Reading Coach/Progress, and Newsela.
- There are two more things to note before we dive into the first issue:
    - Some AI tools do not have a free plan. The ones introduced below have a free plan, although the free plan may not offer full functionality.
    - To cater for busy readers, this article will simulate the writing style of ChatGPT responses. The content ideas will be presented in a concise manner, and in most cases, in point form.

GENERATING CUSTOMISED READING TEXTS

Summary

Some AI tools can be used to generate reading texts based on specified (1) topic, (2) length, (3) genre, and (4) reading difficulty level.

How AI technology can support the teaching of reading comprehension

Two types of AI tools for this purpose

General ChatGPT tools

- Almost all ChatGPT tools today can generate reading texts for teaching.
- Specifying the reading difficulty level
  - Although the difficulty of a reading text involves various factors (e.g., students' related background knowledge; sentence complexity; the writer's writing style), the most convenient difficulty indicator is still vocabulary level.
  - Thus, the Lexile Framework for Reading can be used for stating the expected reading difficulty level.
  - Another approach to stating the difficulty level is to refer to the CEFR(Common European Framework of Reference for Languages) framework.

Example prompts:
"Please create a reading text about festivals in China. The text is to be used in an ESL classroom. The length is about 250 words. The students' lexile level is about 770L."
"Please create a reading text about festivals in China. The text is to be used in an ESL classroom. The length is about 300 words. The students' English level is about CEFR B2."

- Refining the resulting reading text
  - As with all ChatGPT outputs, the resulting passage needs to be checked, and refined if necessary to suit the needs of the target learners.

AI platforms that specifically support the teaching of Reading

- Example 1: Diffit
  - Diffit can be used to generate reading passages (informational, narrative) from a prompt. The resulting passage can be further customized/adapted according to text length, writing style (e.g., point of view; argumentative; tense), students' grade level (US system)
  - The reading passage is then followed by a three-main-point summary. This is useful to teachers.
    - The summary is then followed by a list of potentially new/difficulty vocabulary items. The list can be expanded on users' demand.
    - The vocabulary list is then followed by comprehension questions, which come in 3 types;
      - MCQ
      - Short-answer questions
      - Open-ended questions
      - The number of questions can be increased according to users' demand. (See Figure 1.)

- The reading comprehension questions are then followed by a separate section called "Student Activities". Inside this section, there are resources (e.g., groupwork worksheets) for further higher-order-thinking activities derived from the reading text. They serve as excellent post-reading activities for students.

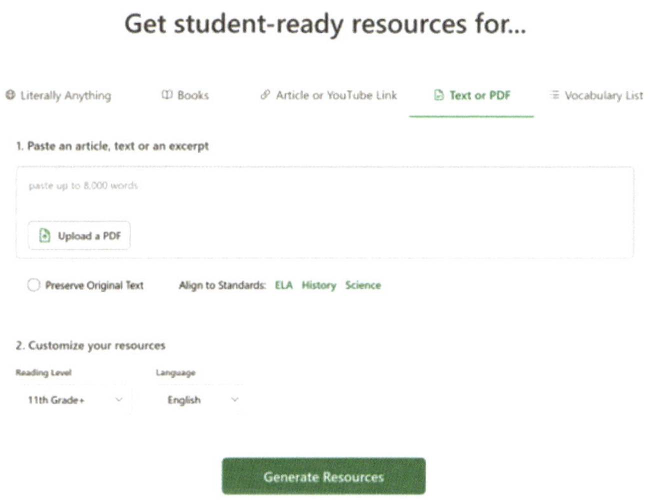

Figure 1: Diffit dashboard for generating reading comprehension questions

- Example 2: Monsha
  - In many ways, Monsha works like Diffit. However, it has more differentiation functions.
  - Features unique to Monsha
    - Users can start with a topic prompt, but they can also start with their own existing materials, or a webpage.
    - Users can specify the purpose of the reading according to Bloom's Taxonomy.
    - After a reading passage is generated, users can further differentiate it in different ways, one of which is the DOK (Depth of Knowledge) level.

- Example 3: Toolsaday
  - Toolsaday is not exactly a platform that supports the teaching of reading, but it has one function called 'Story Generator' for generating narrative texts. Users can input (1) the story plot they need, (2) the characters, and (3) the setting, (4) the text format, which can be prose, screenplay, stage play, or poem, (5) the genre, such as fantasy, romance, mystery, and adventure, (6) the point of view, such as first-person and third-person, (7) the proportion of dialogues in the story, and (8) the story length.
  - The above features make Toolsaday a useful tool for generating a narrative text highly customized for one's needs.

GENERATING READING COMPREHENSION QUESTIONS

Summary

AI tools can also generate a set of reading comprehension questions based on a reading text that either (a) AI-generated, or (b) provided by the user.

Three Types of AI tools for generating reading comprehension questions

- General GPT tools:
  - Approach 1: After a reading passage is generated, ask the ChatGPT to generate a set of reading comprehension questions to go with the passage.
  - Approach 2: Users paste in their own reading text and ask the ChatGPT to generate reading comprehension questions for the inputted text.
- AI-Platforms that support the teaching of Reading
  - The two example platforms mentioned above, Diffit and Monsha, can also generate reading comprehension sets.
  - While Diffit can generate reading comprehension question sets right after generating a reading text, with Monsha, users have to copy/save the generated reading text first.
  - However, Monsha is versatile in terms of differentiating the questions to be generated. Users can specify at the outset:

- ◆ Number of questions,
- ◆ Types of questions: MCQ; Blank-filling; T/F; Short answer questions; Open-ended questions; Essay questions
- ◆ Difficulty level: DOK (Depth of Knowledge); Lexile Level; Bloom's Taxonomy

- **AI tools dedicated to creating reading comprehension questions**
  - ■ These are tools that specialize in creating reading comprehension question. More details are given in the next section.

AI tools dedicated to creating reading comprehension questions

- **The general procedure:**
  - ■ Most AI tools for generating reading comprehension sets from a reading text employ the following procedures:
    1. Input a reading text by (a)copying the text and pasting it into the input box, or (b)uploading the reading text file.
    2. In some cases, the "text" can also be a webpage URL, or a YouTube video link.
    3. Click "Generate".
    4. Review the generated questions. Delete those which are not suitable for your purpose.
    5. Copy or export the chosen questions.

How AI technology can support the teaching of reading comprehension

- Tools for Generating Question Sets for Reading Comprehension
  - Below is a list of some tools specifically for the purpose:

    Conker.ai: https://www.conker.ai/ (See Figure 2.)

    Quizbot: https://quizbot.ai/

    Opexams: https://opexams.com/free-questions-generator/

    Quizgecko: https://quizgecko.com/

    Quiz Wizard: https://www.getquizwizard.com/en/

    Quillionz: https://www.quillionz.com/

    Questgen: https://www.questgen.ai/

    QuizWhiz: https://www.quizwhiz.ai/

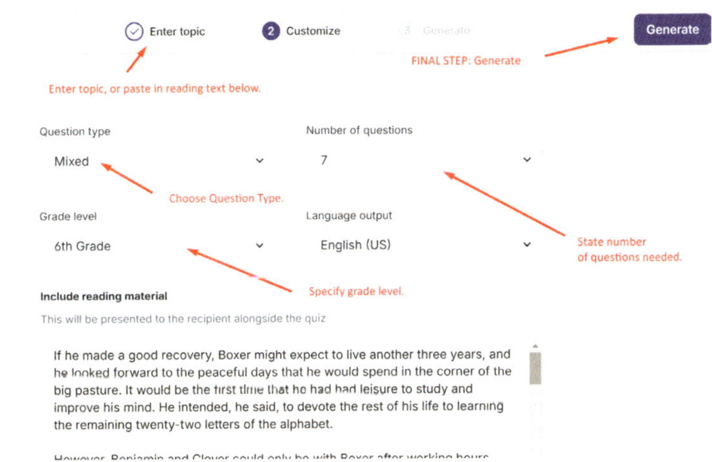

Figure 2: Dashboard of Conker.ai showing the main steps of generating a question set from a reading text

- Features of Some of the Tools
  - The tools listed above have some common features, such as:
    - Question types that can be generated: MC; blank-filling; open question; T/F; and matching.
    - There are different (usually three) levels of difficulty to choose from when starting to generate a question set.
  - Despite their general similarities, some tools have unique features which make them useful for certain purposes. Below are some examples:
    - Some of the apps (e.g., Conker.ai; OpExams) allow users to start with just a topic (instead of a passage). Type in a topic, and the app will first generate a passage, then a question set for you.
    - Most of the apps will generate a question set consisting of one question type (e.g., MC), but Conker.ai can generate a mixed set of question types.
    - Quizbot.ai, like Monsha, can even generate a question set from a YouTube video (probably making use of the YouTube transcript)!
    - Some tools, like Quizgecko, can start with a URL. Just enter a URL (a webpage; a newspaper article), and they will generate a question set for you.
    - Quiz Wizard can even generate a question set from an audio/video file that you upload!

◆ Questgen can generate questions corresponding to all six levels of Bloom's Taxonomy. You can ask for (a)one question set containing all six levels, or (b) one question set with all questions focused on one particular level. (See Figure 3.)

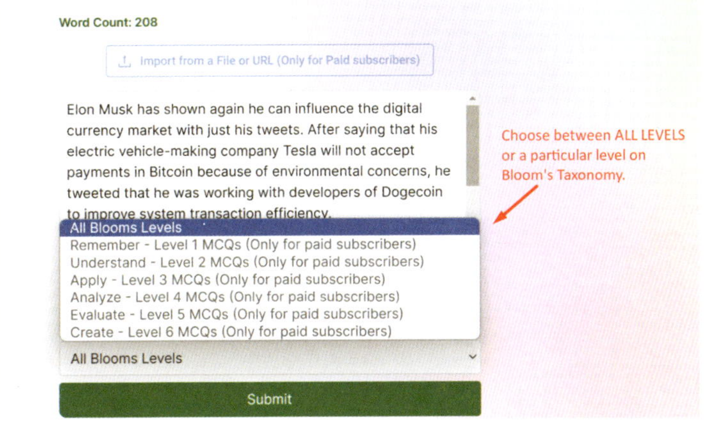

Figure 3: Questgen can generate MC questions corresponding to all levels, or one particular level, on Bloom's Taxonomy

- AI-generated Quiz Games
  - Two of language teachers' favourite quiz-game tools, Kahoot and Quizizz, can now generate a quiz game (consisting of several MC questions) directly from a reading text, or a topic that they input. This saves teachers time in creating the quiz game questions individually. The generated quiz game can serve as a fun post-reading activity in a reading lesson. (See Figure 4.)

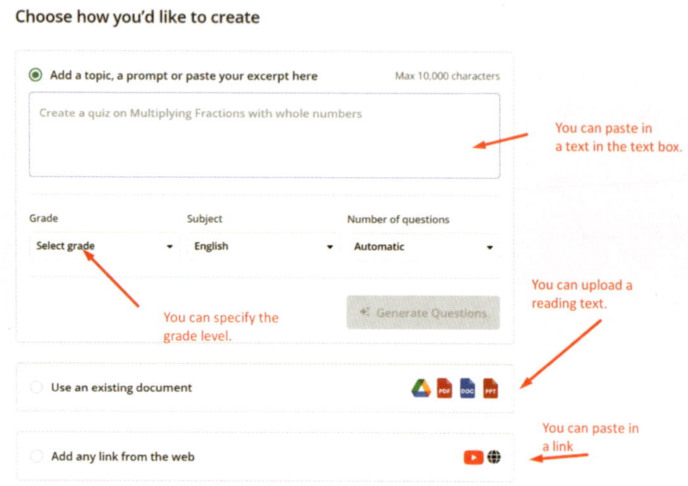

Figure 4: Quizizz dashboard for creating a quiz game with Generative AI

- A Word of Caution

My own observation is that currently, these tools are good at creating questions that ask for specific information but remain less effective at generating higher-order thinking questions. (So we English Language teachers still play an important role in teaching Reading!)

In addition, the reading comprehension questions generated, though reliable in most cases, need to be checked for accuracy before they are used with students.

Other AI possibilities that support the teaching of reading comprehension

The above sections focus on the two main activities

for preparing for a reading comprehension lesson: (1) having a suitable reading passage ready, and (2) creating a comprehension question set that supports the reading lesson.

In light of the methodology for teaching reading comprehension today, there are other AI possibilities for supporting the administering of a reading lesson, in terms of pre-reading, while-reading, and post-reading. Due to the scope of this article, those AI possibilities will only be briefly mentioned below.

Flashcard activities

Flashcard sets can be used by the teacher to present new vocabulary items found in the reading text. They can also be shared with students, who can study the flashcard sets in-class or after class, as a learning activity to support the reading.

Example AI tools that can generate flashcard sets from a text are Revisely, Anki, and Slidespeak. (Quizlet's AI function is not available in Hong Kong at the time of writing this article.)

Creating an audio version of a reading text with text-to-speech (TTS) tools

To cater for learner diversity, an audio version of a reading text can be used in an appropriate stage of a reading lesson, or for students to listen to after the reading lesson for reinforcement (or for preparing students for the upcoming dictation if the reading text is to be used).

Example TTS tools include NaturalReader, Elevenlabs, Speechify, murf.ai, and lovo.ai.

Summarizing a reading text as a graphic organizer

A reading text can also be converted to a graphic organizer which shows the main points and structure of a reading text. This graphic organizer can then be used in different stages of a reading lesson according to the teacher's aim. Graphic organizers are particularly useful to visual learners.

Example AI tools that can summarize a reading text as a graphic organizer are Mindmap.ai, Napkin.ai, Xmind.ai and Miro.ai.

Conclusion

AI technology is useful in helping language teachers prepare resources for teaching reading comprehension, as well as in enriching the variety of activities that can be included in the design of a reading comprehension lesson. This article has provided some suggestions. As AI technology is developing at a phenomenal speed, further possibilities in leveraging AI in teaching reading comprehension (and other aspects of language teaching) will evolve. Professional and creative language teachers will definitely be able to capitalize on this development.

AI 學英語提高學與教效能

梁思韻
香港註冊教師
觀塘區議員

作者簡介

梁思韻（Renee Leung） 香港註冊教師、觀塘區議員，香港中文大學教育碩士、北京清華大學公共行政管理碩士，專注特殊教育、人才政策等議題。曾為香港教育局全港校長及老師資訊科技教育培訓師，於 2002 年創立生歷奇教育，以提供「優質英語服務，創新愉快學習」為使命。

近年來 AI 發展迅猛，在各行各業中越見廣泛，教育領域也應用其中，在 2024 年的施政報告中，政府亦有意推動學校使用 AI 輔助教學。如今，AI 技術正逐步改變傳統的學習評估方式。

筆者曾經是一名教師，深知傳統人工批改練習工作極其繁瑣不易，每日要面對上百份功課，「埋頭苦改」。改卷時亦遇到不少困境，筆者曾因學生字跡模糊，改卷時猶如玩「猜謎遊戲」；或是改完才發現學生對知識點掌握得不熟，但學生已經帶著錯誤認知進入新一章的學習，難以及時反饋。此外，批改功課亦佔用大量時間，比備課時間還長。香港中文大學有研究指出，教師每週用於批改作業的平均時間約佔課堂教學時間的百分之七十，這一數字幾乎是備課時間的兩倍。[1]

AI 提高教師改卷效率

苦於人工改卷方式效率低下、回饋滯後等固有局限，但當年 AI 尚未完全發展推廣，所以教師只能「埋頭改卷」。如今，AI 已經進入到生活的方方面面，隨著 Deepseek AI、豆包、ChatGPT、騰訊元寶等 AI 工具的流行，AI 對教育領域的影響逐漸顯現。

相比起傳統人工改卷，AI 改卷可以二十四小時不間斷工作，在極短時間內完成大量功課的批改，並提供客觀的評分結果。更重要的是，AI 還能收集和分析學生的學習數據，為教師指出學生的不足——毫不誇張的説，教師們用兩個月人工統計出的錯題，AI 系統其實在五分鐘內，甚至以更短時間就能生成。

一個成熟的 AI 系統可以在幾分鐘內就完成數百份試卷的批改，而同樣的工作量可能需要教師團隊數天的時間。根據筆者觀察，本港已有不少學校引入 AI 改卷，以某間中學為例，2024 年開始引入 AI 改卷平台，以往教師要花一星期時

1 Faculty of Education, The Chinese University of Hong Kong. 2025. *Future Norm of Teaching and Learning Forum: Free Up Teachers*. Conference forum, Chinese University of Hong Kong. https://www.fed.cuhk.edu.hk/en/news/event_detail/18/

間批改英文作文，自從用了 AI 改卷後只需十五分鐘便能完成所有批改，準確率高，還能為學生提供建議，增強學生自學的動力。[2]

據筆者研究，目前的 AI 應用優勢在於其數據挖掘與學習分析能力，主要體現在兩個方面，分別是自適應學習（Adaptive Learning）以及沉浸式闖關答題（Immersive Puzzle）。

AI 挖掘學生不足 及時查漏補缺

Ilie Gligorea、Marius Cioca 等人的論文《Adaptive Learning Using Artificial Intelligence in e-Learning: A Literature Review》[3] 中指出，自適應學習是指在電子學習的背景下，將自適應技術融入線上學習的平台和課程中。這些平台使用演算法和人工智慧來分析學習者的數據，並給出個性化建議，以滿足每個學習者的需求。

筆者試用了一款 AI 工具「Top Marks AI」，以一篇四百字的 DSE 英文作文為例，只需掃描進系統，選擇 AI 評分，即可自動生成對這篇作文的修改意見、評分等，實現「秒級回饋」，使學生能夠在知識記憶最鮮活時進行修正和強化，避免了傳統模式下因回饋延遲導致的學習效率損耗。通過這種方式，學生能更清晰地認識自身寫作的優缺點，從而有助於提升下次做題的表現，這種個性化的干預令學習效率有顯著提升，正是傳統人工改卷難以實現的。

---

2 彭彥怡（2024 年 3 月 15 日）。〈嶺南衡怡推 AI 改卷快而準 提升學習英文動力 「肥佬」學生變第一〉。《香港 01》。取自 https://www.hk01.com/ 中小學園 /1077492/

3 Gligorea, Ilie, Marius Cioca, Romana Oancea, Andra-Teodora Gorski, Hortensia Gorski, and Paul Tudorache. 2023. "Adaptive Learning Using Artificial Intelligence in e-Learning: A Literature Review." *Education Sciences* 13 (12): 1216.

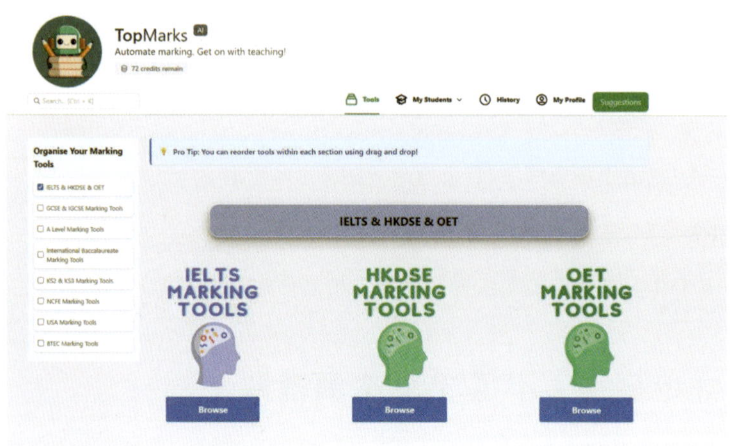

AI 增強學生學習體驗，激發學習動力

在學習體驗上，AI 更是發揮極大作用。筆者家中有兩個孩子，自己也曾是學生，深知每當學習時，有時是根本學不進去，好像神遊太空。

沉浸式闖關答題可以簡單理解為「遊戲化學習」（Gamified E-learning）[4]，核心優勢在於將「被動接受」轉化為「主動探索」，融入遊戲的獎勵機制，以任務形式安排每日學習計劃，通過多感官刺激和情感共鳴，讓學習更具趣味性，激發學生自主學習的興趣，探索學習新體驗，讓枯燥的答題過程變得生動且富有吸引力。

除了在寫作外，借助 AI 應用程式也可提升學生的口語

---

4 King, Nico. 2024. "Immersive Education: Transforming the Landscape of e-Learning." *Chaos Theory Games* (blog), April 3, 2024. https://www.chaostheorygames.com/blog/immersive-education-transforming-e-learning.

能力。中小學生練習口語時，目標有所不同，如：小學生需要著重訓練聆聽及發音；對於中學生而言，就需要在詞彙及會話下點功夫。AI 模型能針對不同學習階段，同時做到個人化學習進程。以港產的 AI 英文口語應用程式 Lango 為例，它們以遊戲場景為主軸，減少學生面對真人時礙口膽怯，缺乏自信。學生說話時的自信心是需要培養的，特別是在第二語言上。Lango 遊戲場景趣味性較強，學生可以邊學邊玩。而 AI 學習遊戲與傳統教育模式最大分別是在於背後的系統，一：AI 能在會話內容限制涉及政治、宗教等敏感話題；二，AI 可以記錄學生強弱點，從中提升英語水平。

相信大家都有聽過 Duolingo（多鄰國），這是沉浸式闖關答題的經典代表之一，完美結合了遊戲化機制與語言學習。在學習過程中，Duolingo 將每一個知識點都製成一個關卡，用戶需要完成當前關卡才能開啟下一關，並有相應的等級，同時還設有生命值、排行榜、角色互動等，通過「簡單任務→即時獎勵→漸進難度」的模式，讓用戶進入專注狀態。

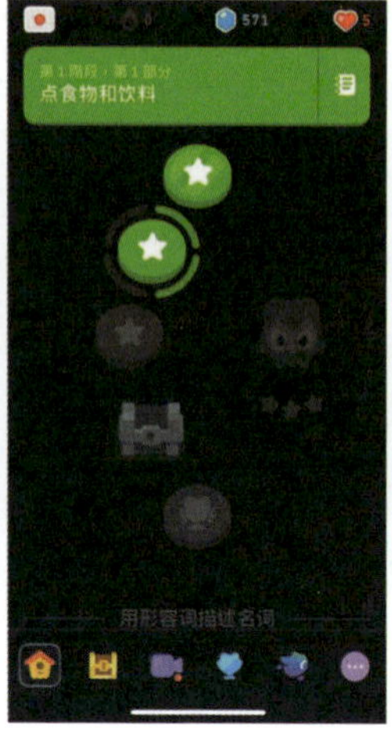

Duolingo 是 OpenAI 公佈的首批 GPT-4 用例中教育科技公司之一，從題目生成、測試、評分等各流程均使用了 AI 技術，其「自適應學習引擎」能預測用戶的遺忘曲線，在最佳時間復習舊詞彙，還能通過 AI 對話和即時回饋模擬「真人教師」體驗，增強沉浸感。此外，Duolingo 的題目難度會根據測試者的答題水準而改變，每個考生遇到的題目都是不同的，真正做到了千人千面。

總體而言，筆者認為，AI 的應用不僅大幅提高了教師的工作效率，更為學生的學習過程帶來了前所未有的優化可能，是促進學習的強大工具。

中文科 AI 學習活動：閱讀、寫作與文化傳承

高樂詩
佛教沈香林紀念中學
中文科教師

作者簡介

現為佛教沈香林紀念中學中文科任教師、普通話科主任、文化學堂統籌、香港大學電子教學應用金獎得主、香港中文大學運用生成式人工智能（AI）設計跨科學習活動策略教學影片講者、《AiTLE 生成式 AI 教材系列 探索 AI 圖像生成與機器學習 如何驅動跨學科的同創共學》作者、EDB（Education Bureau）教師進修講者。

早年曾參與校內自主學習教學研究、擔任中文科電子學習統籌，樂於尋找讓學習更多元化、學生更投入的教學方法。

理念

在現今世代，隨著不同的人工智能工具誕生與優化，AI 的應用已是一種不可逆轉的發展趨勢。作為中文科教師，或者說作為一名教師，除了重新審視與肯定自身不可取代的價值，亦必須思考如何能令 AI 變成學生學習的助力而非阻力。

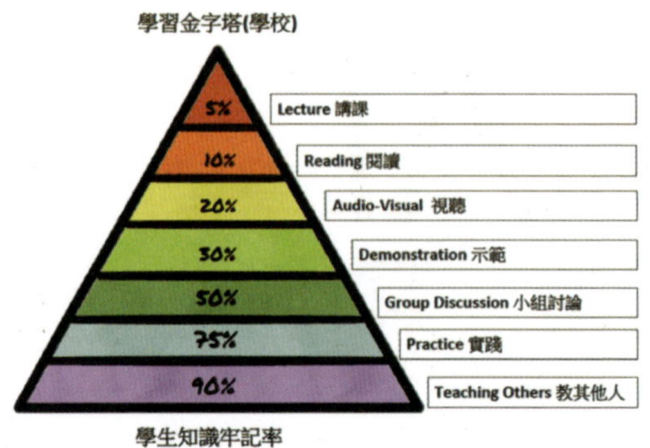

早年電子教學開始興起，幾年前有幸到 EDB 分享如何利用 EDpuzzle，以「翻轉課堂」配合自主學習。回想近年學習使用各種電子教學工具的經歷，目的不外乎希望將課堂盡可能地「還」給學生，以多元化的教學方法及工具，提升其參與度與興趣。然而，時至今日，AI 結合教學的各種可能性似乎已遠超於此。

有感自身是幸運的，在這樣一個 AI 洪流中，本校走得算前，給予筆者更多了解與嘗試的機會。以下，將會分享一些我嘗試在初中教學中利用 AI 元素，以及在課堂內外將 AI 與傳統文化結合的小小經驗，望能拋磚引玉，一同為提升教學質素、讓學生學得更深刻活潑尋找更多可能性。

以 AI 圖像生成帶動「細閱、想像、比對」

以描寫單元閱讀課為例

在描寫散文的教學中，我們嘗試通過 AI 圖像生成技術，鼓勵自主學習。作為預習，同學需在自行閱讀文章後，將文中細緻描寫的重要場景化作 AI 圖片，將腦海中的想像化為看得見的畫面。其後在課堂中讓學生對照文字與同學創作的圖片，加以討論，既能提升學習動機，又能深入理解文意，培養細味文章的態度。

〈繁星〉學生蔡依楠作品

〈荷塘月色〉學生孫健欣作品

以 AI 圖像生成扣連「歷史、想像、感受」

以九龍城寨寫作練習及本土文化練筆為例

歷史與文化，似乎離新一代的年青人很遠——他們寧可「活在當下」、「活在網絡世界」。如何能讓他們張開眼睛，看看歷史遺留下來的生活痕跡，我想，或者 AI 能幫上一把。

九龍城寨寫作練習

九龍城寨是一個極具特色的香港歷史遺跡，代表了舊香港其中一個生活面貌，十分值得年青人去多加了解。因此，學習了描寫單元中有關聯想與抒情的重點後，我們先請學生從圖書中了解當年的九龍城寨，再根據了解，以本校的 BSC Studio 提供的實拍照片為藍本，運用 AI 生成圖像技術在圖片中加入想像，最後代入圖中情景，以文字描繪及抒發對這歷史文化遺跡的感受。

〈天台裏自由的幻想〉 學生林鈫婧

每天，我都身處於這座擁擠、喧囂的九龍寨城中。

這個天台對我來說是一個探索刺激和找尋樂趣的地方。每天放學後，我都會和一群好友會聚集在一起，衝上樓梯，穿過擁擠的樓道，來到這個視野廣闊的天台。

在這裏我可以聽到車輛的喧鬧和人群的嘈雜聲，令我覺得這個城市十分喧囂和壓抑……我常在那裡奔跑，試著感受追逐自由的感覺。

有時候，我站在這個最高的天台，看著更高外表華麗的高樓大廈時會想：九龍寨城外面的世界是怎樣的呢？

〈相鄰的兩個世界〉學生李子陽

清晨，街上的一切都籠罩在柔和的晨光中，在溫暖的陽光照射下，清晨的城市也如獲重生。我們在科技發達的城市當中生活著，一切都是那麼時尚與井然。然而，繁華的城市也有另一面——那就是九龍寨城。

走到九龍寨城的大門前，能看到一個有趣的畫面——後面是繁華的城市，前面則是年代老舊的寨城。走進寨城隱隱可見，有一些植物長了出來攀附在房子的牆壁上，地面上的一些空地也長滿了樹叢；我想起了繁華的城市裡，地上都是水泥地和瀝青路，沒有這麼茂密的樹叢，只有零零散散被擺放成一條直線的樹木。此時我望向天空，發現有點破舊的天台，天台與天台的天線連接在一起，猶如蜘蛛網佈滿天際；細想城市裏可不會這樣，總是十分井然有序的連接到每個需要用電的地方。

我繼續仰望與聆聽，天空中從遠處出現了一個黑點，仿佛一只小鳥，但待它來到身邊在從頭頂飛過時，竟像是身臨飛機場那般，平日不能接近的飛機到了這裏可以近距離觀望，飛過時更帶著轟轟聲，房屋與地面仿佛也跟著震動起來，耳朵也被震弄得嗡嗡作響。不曾想，這裏的房屋竟能與天上的飛機如此之近，要是飛機操控師稍微出點差錯，飛機便可刮蹭到房屋的其中一角！

我深呼吸一口氣，仔細嗅一嗅這裏的空氣，空氣中有植物的淡淡清香，也夾雜著其他生活的味道；城市呢？汽車橫行，空氣夾雜著許多汽車排放出來的二氧化碳，把一切生活的氣息都遮蓋掉。我再細細一看，發現這裏的房屋也別有洞天，城市是現代化的高樓大廈，而這裏的房樓，雖説有點破舊，但也還是別有風味——這裏的房屋就像古代士卒住的房樓，與外面繁華的城市的外觀成了強烈對比，仿佛是一個平行宇宙。

本土文化練筆

由屯門區特色、漁船文化，到香港飲食及節日文化，這些都是學生日常生活中觸手可及，卻又常常視若無睹的本土文化特色。因此，中文科再次與 BSC Studio 合作，讓學生以 Studio 提供的實拍照片為藍本，運用 AI 圖像生成技術依據自己的感受轉換圖片風格，美化圖片。最後，同學可以參考網上資料，以抒情或說明的角度寫作一篇隨筆短文。

〈劃時代龍舟賽〉學生付潤東、學生丘巧兒

同創共學- 沈中生成式AI 的平行時空

生成式AI圖片

（龍舟賽）

原圖

3C 付潤東、3C 丘巧兒

Enlighten with Wisdom, Manifest with Compassion | 明智顯悲

這張生動活潑的插圖描繪了一個熱鬧的都市河道場景。河道上漂浮著許多傳統中國龍船，船上載滿了人們正在賽艇享受這個盛大的節日。兩岸擁擠的人群身穿節日服飾，歡聲笑語，熱鬧非凡。

沒錯，人們正在慶祝重要這的中國傳統節日「端午節」，而龍舟賽是這個節日的重頭戲。龍舟最起源要由古代楚人屈原的故事講起，楚國人為紀念投江自盡的屈原，借龍舟驅散江中之魚，期望阻止魚吃掉屈原的身體，所以就有龍舟賽事這項端午節節日活動，繼而逐步發展出今日的龍舟競賽體育活動。

龍舟賽可不是隨便能參加的，參加者需要進行系統化的體能和技術訓練務求可達到步伐統一、充滿力量的效果。因此，我認為龍舟賽不僅是競技體育，還代表著中華民族團結奮鬥的民族精神畫面中可見。

通過這幅畫，我們也能感受到高樓大廈與傳統民俗的和諧共融，體現了中國文化傳統與現代化相融合的特徵。這既是歷史的沉澱，也是時代的進步，詮釋了中國文化的永續發展。這幅畫為我們勾勒出一幅生動美好的中國城市景象，既展現了中華民族的文化自信，也折射出現代都市的蓬勃發展。這正是中國日新月異，朝氣蓬勃的一面。

〈見證〉學生蔡依楠、學生張庭溱

同創共學- 沈中生成式AI 的平行時空

原圖

生成式AI圖片

（見證）

3C 蔡依楠、3C 張庭溱

Enlighten with Wisdom, Manifest with Compassion

在一個陽光明媚的早晨，我漫步在海邊，微風輕拂，海浪輕輕拍打著岸邊，發出悅耳的聲音。遠處，一艘漁船緩緩駛入我的視線，船身在陽光的照耀下閃爍著銀色的光芒，仿佛是一條在海面上游弋的銀魚。

我駐足凝視，心中湧起一陣溫暖的感動。漁船上，漁民們忙碌的身影在陽光下顯得格外勤勞，他們或是撒網，或是收獲，臉上洋溢著對大海的熱愛與敬畏。那一刻，我仿佛能感受到他們與海洋之間深厚的情感，正如他們的生活與這片海域息息相關。

隨著漁船的靠近，海面上泛起層層漣漪，陽光在水面上跳躍，猶如一顆顆璀璨的明珠，漁民下了船。我深吸一口氣，海風夾雜著鹹鹹的海味，沁人心脾。我忍不住向前問漁人是否可以給我講解漁船的文化。

原來，漁船的建造過程中，往往伴隨著許多傳統習俗。例如，在造船時選擇吉日，並在船頭嵌入像徵繁榮的「子孫錢」，以祈求順風順水和豐收。在古代詩詞作品中亦常以漁船作為意象，描繪漁民的艱辛與堅韌，表達對海洋的熱愛和對生活的感悟。此刻我更明白到，漁船文化不僅是漁業生產的體現，更是人類與自然和諧共生的縮影，承載著豐富的歷史和文化內涵。

在這片寧靜的海域，我感受到了一種無形的力量，那是來自大海的寬廣與包容。漁船在海面上緩緩遠去，留下一道道波紋，仿佛在訴説著無盡的故事。

這一刻，我慶幸我不僅是一個路過的人，更是這片海域的見證者，見證大海的寬廣與包容，見證著漁船與自然的和諧，見證著生活的美好與希望。

以 AI 製片功能為輔，承傳文化、感受生活

以屯門大興邨老店採訪為例

本校位於屯門大興邨，大興商場內仍有不少歷史悠久的舊式小店經營著。它們在大興紮根多年，無論是裝潢或是經營模式皆充滿著舊時代氣息。本校學生每天經過甚至幫襯著，但他們又對於這些難得的小店有多少認識呢？因此，中文科聯同 BSC Studio，帶領學生到各個小店內拍攝及採訪，採訪學生需提前構思問題，閱讀專訪文章，最後嘗試寫作一篇專訪介紹文章。

以往學生完成文章後，會以文字形式在校網或其他社交平台上發佈，但這次本校嘗試運用人工智能，把相片與文字結合，以虛擬電視台的形式播出。短片內所有的影像均以學生拍攝的照片為基礎，以 AI 技術把靜態相片變成動態「短片」；而作者則搖身一變，變成 AI 主播，以聲音演繹自己所寫的文章，錄作真人發聲旁白。我們希望，在運用 AI 的同時，保留更多「溫度」，讓更多學生去感受，亦使得更多香港人可以了解這些舊式小店的獨特情味，承傳本土文化。

「港文化港歷史」
AI 短片

〈時代的更替〉學生王文慧

在現今這個轉變巨大的時代，那些舊時代的店鋪還保留著他們所存在的特色。而我們這新一代的年輕人又何嘗了解呢？

受到高老師的盛情邀情，我跟著其他同學們一同前往大興邨的一間糧油雜貨店，店面位於商場幾乎最盡頭，就連同樣住在大興的我也很少會走到那裏。

還沒走到店裏，我就已經看到老板把商品擺放排列得很整齊。把各種品類都分類好了。天氣寒冷，但老板和老板娘也僅僅只是穿著單薄的衣物。經過不斷的深入了解後，我才發現原來我的身後一直放著一堆被預定的大米，在旁邊還有一個冰箱是冰凍著一些海鮮，最令我沒想到的是在後鋪的最後還有一個小廚房，這是最令我震驚的。老板説他們一般中午都是在這裏做飯來吃的。這種開店經營的生活老板已經從 1970 年代開始做到現在，即使辛苦，生意平淡也一直不放棄。

據老板所説，他從中學畢業就開始在元朗幫爸爸在店工作了幾年。每天很早就要上班，讓他養成了早起的習慣。在老板獨自開店的經歷上，最令他難忘的莫過於是 2003 年的沙士。聽老板説，那時候很多人都會來搶米，搶完超市的就會來他這間搶。在這場沙士戰疫中，他們為救世軍提供了糧食，大米等等，為前線的戰事作後勤支持，因此，在這沙士完結後，救世軍給他們頒發了錦旗，錦旗直到現在也一直被老闆掛在牆上。一同被老板愛惜如命的還有一張十幾年前的報紙，仔細看，是老板和老板娘連帶上後鋪一同上報紙的身影。

直到如今，店鋪地版被老板縫縫補補多次，卻依然還是沒找人來修補；因為小店賺不到多少錢，孩子甚至希望他倆盡早退休—— 即使如此，夫妻倆還依舊堅持初心。我這才恍然醒悟，變的不是我們，是時代。在時代的逐步發展中，有人在時代的尾端搖搖欲墜，但不變的是那始終如一的情味。

BSC Studio 照相機下的糧油雜貨店

〈新舊交織的藥材店〉學生區淑媛

位於大興商場二樓的藥材店早於 1989 年開店，老板由 2002 年起於經濟不景氣的情況下接手，經營至今已有二十多年，一直事事親力親為，經歷經濟上的高高低低，實在不容易！

他們一家由 1994 年一直住在大興，傾談下更發現細老板是本校舊生，以往放學做功課後偶爾會到店裡來。店舖內更備有廚房，方便他們輪流吃飯顧店。

店舖左邊是傳統藥材鋪的格局，除了貨架上玻璃樽內常用的中藥及湯料，還有更多存放了在傳統的百子櫃內，可謂琳琅滿目，令店內彌漫着一股獨特的中藥味道。店內過百種貨品看得我們眼花繚亂，卻絲毫難不到老板一家，他們每天用心經營，從購貨、上貨到賣貨，樣樣事親力親為，早已將每種藥材湯料的特點牢記在心。

訪問時桌上的舊式算盤及秤引起了我們注意，細老板立刻示範如何調節秤砣去稱重，而老板則笑説已經很久沒有用算盤了。但我們真的很好奇，於是老板答應與我們來一場算盤計算機大賽。即使是複雜的算式，算盤與計數機的速度竟然是不相伯仲，真是令我大開眼界！

店鋪右邊賣的是西成藥與生活用品，雖然店鋪內的各種成藥及生活用品堆積如山，但是只要街坊需要，老板一家都能準確地從貨架迅速取出，甚至一一介紹，如數家珍。

這次訪談讓我認識了很多中藥材，例如蟲草花、淮山等，當中最令我驚奇的是原來花朵和我們生活中丟棄的水果皮也可以造成藥材。雖然這些藥材很易變壞，但他們仍能妥善保存，靠的想必是他們難能可貴的經驗和心思吧！

BSC Studio 照相機下的藥材店

BSC Studio 照相機下的舊式士多

BSC Studio 照相機下的傳統文具店

傳統與創新：「中華文化 x 人工智能」教育案例

蕭欣浩博士
香港浸會大學中國語言文學系一級講師
「蕭博士文化工作室」創辦人及主席
香港中華文化發展聯合會執行委員

前言

中華文化蘊含大量寶貴知識，是教學、研究、傳承的重要範疇。香港浸會大學中國語言文學系，一直致力於中國語文、文學及文化的教學，從教學課程到研究項目，均以中華文化傳承作為重要目標。香港浸會大學鋭意推行人工智能的運用和教學，中國語言文學系順應科技發展的新趨勢，配合大學的嶄新發展，策略籌備中文學習與人工智能緊密結合的課程。經多番嘗試與整合，本人於任教的科目「GCAP 3085

中華文化在社區」，在中文學習的框架中，加入人工智能元素，同時以中華文化作為教學主題，結合傳統與創新，連繫文字與圖像，為學生提供多元的學習方法。

教學緣起

本人與佛教沈香林紀念中學，科技學習領域統籌主任何嘉琪助校，多年來緊密合作，思考並推行創新的學習方法。經我們多番探討，在 2023 年 9 月開始籌組「第一屆同創共學——AI 咒語繪畫師比賽」，我系一方，由盧鳴東教授帶領、陳亦伶博士統籌，本人負責統籌與執行，後續有更多友好機構協辦比賽，共襄盛舉；「第二屆同創共學—— AI 咒語繪畫師比賽」亦於 2024 年 9 月開始，並取得豐碩成果。中華文化結合人工智能的學習模組，經由兩次比賽的多組教學場次，傳播到小學。本人將相關教學經驗與學習模組，運用於大學的恆常課程，並因應課程的需要而調整。

以下的教學説明，會以中文學習與中華文化為主，結合何嘉琪助校提示詞工程的教學，能拼合出中文學習、中華文化結合人工智能的教學模組，能讓學生於電子學習的領域，以傳統中文學習模式為基礎，連繫人工智能，鼓勵學生研究、思考、修訂、書寫，生成個人化、活潑、具創意的圖像，提升學習興趣，培養多項技能。

資料搜集

中文的學習、閱讀與書寫，可以分別專攻，同時又可以作融合的學習。「GCAP 中華文化在社區」的設計，正正希望能發揮多元教學的精神，以中華文化作為主題，導引學生於既定範圍之下探索，作自主學習，同時吸收中文與文化的知識。中華文化的相關主題，學生可以從自身的興趣出發，選擇研究與書寫的範疇，包括：節氣、飲食、衣飾、地理、文學、藝術等方面。本人於課堂之中，會因應不同範疇，教授相關的學術知識；科目更開設各類校內、校外的沉浸式活動，讓學生從經驗出發，結合課堂上的知識，引導學生思考，選取個人化的研究課題。

學生通過自主選題，就「中華文化」、「品德教育」、「電子學習」作「資料搜集」的工作。科目鼓勵學生循不同途徑作資料搜集，例如：書籍、報章、雜誌、網上資料庫等，例如學生可通過政府網頁「香港舊報紙」，搜尋更多與生活相關的文化、歷史材料，從而培養學生的自學與閱讀能力，協助學生學習與書寫。學生同時需要運用人工智能應用程式，搜尋已選取的範疇資料，作引證和比較，一方面能擴大知識閱讀量，另一方面能驗證人工智能應用程式的搜尋結果是否真確，作資料真偽的判別，訓練研究的能力。

研究與書寫

學生通過資料搜集，獲得更豐富、更深入的知識，並結合活動的經歷，靈活運用於研究當中。中華文化的相關資料，可參考古今書籍，例如農曆新年，有紅包、利是、揮春等主題，學生參閱清代《廣東新語》，能得到以下資訊：「元日拜年，燒爆竹，啖煎堆白餅沙壅。元夕，張燈燒起火，十家則放煙火……城內外舞獅象龍鸞之屬者百隊。」通過古今比較，可以了解節慶的流轉。飲食方面，清代《清稗類鈔》提到：「米麥所製之物，不以時食者，俗謂之『點心』。」學生能由此延伸，研究古代與現代的飲食文化。

圖像生成

學生經過資料搜集、思考、研究和書寫，可依 AI 圖像生成的基礎原理，剪裁並轉換成提示詞，再生成個人化的圖像。圖像的豐富與準確程度，一方面受 AI 圖像生成的提示詞影響，另一方面關乎文章中的用詞，而用詞的精準程度，完全憑藉學生對研究主題的理解。學生可因應所生成的圖片，修訂提示詞和用語。從文字生成圖像，以圖像協助文字的修訂，不斷嘗試以中文書寫用詞，審視自己對主題的熟知程度，和中文字詞的運用是否恰當，輕鬆學習中文知識與中華文化。

學習成果

「GCAP 3085 中華文化在社區」融合多元的學習模式，學生通過知識、體驗、文字與圖像，從興趣出發，衍生古今傳承的研究和書寫，文化與科技結合的作品，以下展示圖片為學生依不同主題，生成的 AI 圖像：

追憶九龍城寨

香港 Gin 酒

香港漁農文化

香港漁業

本地農產 Gelato

中華文化與科技

延伸主題

「GCAP 3085 中華文化在社區」持續教與學的發展，不斷加入嶄新的主題與技術，結合比賽一同推廣中華文化。「第二屆同創共學——AI 咒語繪畫師比賽」的主題，率先加入「非物質文化遺產」，深入以「香港飲食非遺」為重點，選取「蛋撻」和「平安包」作深入的教學展示，並邀得「新華茶餐廳」與「郭錦記餅店」成為合作伙伴，一同協力傳承非遺文化。比賽與教學成果，分別於「國慶 75 周年漁農美食墟」、「『香港非遺月 2025』嘉年華」中展示，讓大眾了解中華文化結合人工智能的可行性，展示跨校跨學科的優秀成品，將知識於社區傳播。

「GCAP 3085 中華文化在社區」本年度邀得崔景恒議員，分享香港的漁業文化；作者葉曉文為學生講解香港種植的情況；AI 圖像生成方面，繼續邀得何嘉琪助校，分享 AI 圖像生成的最新技術，以及中學學界結合社區文化的案例；科目同時邀得林詩琦老師，講解 AI 圖像生成與漁業生態結合的教學項目。「GCAP 3085 中華文化在社區」是多元、持續的教與學活動，堅持結合傳統與創新，更新人工智能的技術，弘揚優秀的中華文化。

人工智能
於科學科可持續發展議題中的應用

林詩琦（LAM Sze-ki Viola）
佛教沈香林紀念中學科學科統籌
高中生物科及校本課程「同創共學」任教教師
BSC STEMLAB /BSC ECOLAB 負責教師
香港浸會大學 - 客席講師

作者簡介

林詩琦老師於 2022-23 及 2023-24 學年連續兩年榮獲「香港大學國際傑出電子教學獎」—「STEM 運算思維組別 - 銀獎」與「STEM 運算思維組別—金獎」；獲第三屆深港澳青少年創意設計大賽授予「最佳指導老師」稱號；2024 年於川渝港澳科學大賽獲頒「優秀科學指導老師大獎」；同時獲 APAi 亞太人工智能青少年科技創新大賽認證為「優秀導師」。2022-23 學年獲香港科技創新教育聯盟評為「傑出科學教育創新導師」、於「少訊中銀 STEM-UP 創新科技大賽 2022」中獲「最佳優秀指導老師」榮譽。並獲「第七屆大灣區 STEAM 卓越獎 2025（香港）—十佳 STEAM 教師」。現擔任香港浸會大學客席講師，並持有 Apple Teacher 專業認證。

人工智能於科學科可持續發展議題中的應用

佛教沈香林紀念中學（沈中）一直致力於推動 STEAM 教育，注重跨學科融合及實踐能力的培養。學校以「明智顯悲」為辦學理念，強調以智慧啟迪學生，以慈悲關懷社會，將知識應用於現實生活與社區服務。近年來，隨著 AI 及生成式技術的迅速發展，沈中在教學實踐中緊貼社會脈搏，勇於嘗試將不同科技融入課堂，取得豐碩成果。

2024 年行政長官施政報告中，初中科學科的先導計劃、推動人工智能輔助教學等重點政策，均旨在推動學校進一步提升學生動機以及學習效能。沈中科學科的 STEAM 教學活動強調「學以致用、知行合一」。將新興科技透過不同巧思融入現實生活，不但能讓學生掌握前沿知識、充分發揮創意，更是關心社區、履行社會責任的體現。科學科課程的涵蓋面極廣，包括可持續發展探究、推廣社區文化及生態保育等跨學科活動，致力培養學生的跨界思維及解難能力。如我們曾以「探究即棄口罩對環境的影響」為主題，在疫情下設計了跨學科專題的探究教學活動，要求學生結合科學、家政、設計與科技等多方面的知識進行學習。學生不僅要利用電腦軟件進行立體建模，還需要比較不同物料（如 ABS 及 PLA 塑膠）的環保特性，設計一個公平的測試以評估口罩舒適度及防水性能，並親自縫製口罩面布。此外，學生更要操作 3D 打印機製作原型口罩，並透過 Arduino 編寫程式，開發機器學習人工智能口罩辨識裝置。這一系列以真實生活會遇上的問題為起點的學習，極大提升了學生跨學科知識的應用技巧及解難能力。

此外，沈中亦積極回應人工智能大趨勢。早於 2023-24 年度，學校已在科學科引入 AI 元素，開展一系列以生成式 AI 技術為核心的學習活動。學校更成立了全港首個 AI 校園電視台「BSC Culture」，讓學生利用生成式 AI 技術參與「港 AI · 港文化」節目創作。在過程中，學生不僅要進行資料搜集、內容編寫、聲音錄製乃至後期剪輯，更以 AR（擴增實境）明信片的方式將節目推廣至社區。「港 AI · 港漁業」節目以本港漁業發展為主題，連繫漁業保育、可持續發展與國家安全等不同議題，體現了科學以及人文學科的有機結合。在學校以外，BSC Culture 更獲得多個社區及行業夥伴支持，合作推出更多元化的科普短片。學生不但能夠得到業界專家的回饋、了解現實社會需要外，更可透過參與推廣生態保育、糧食安全等公共議題，提升公民及國民意識、展現社會責任感。

港 AI · 港漁業

科學科學習元素強調了生物多樣性對自然環境可持續發展的重要性，以及人類活動對物種生存的威脅。我校座落於屯門區，屯門三聖墟曾是香港一個知名的漁村，其獨特的地理位置成為了水上人家的天然避風港。每年的五月至八月，有同學發現多艘漁船停泊於碼頭。一探究竟下得知這段時間是南中國海的休漁期，擁有港澳流動漁船資格的香港船隻在此期間不能捕魚。

過去的漁業存在著過度捕撈的情況，這種情況干擾了生態平衡，對生物多樣性產生了負面影響。過度捕撈不僅降低了魚類的種群數量，而且破壞了食物鏈和生態系統的平衡。這使得一些物種無法正常繁殖，最終可能導致其瀕危甚至滅絕。同時，過度捕撈還會對漁業本身造成長期的負面影響。

這正是與科學科學習元素相貼合的議題。科學教育提倡可持續的自然資源管理。因此，漁業的可持續發展正好為我們的 AI 主題系列節目提供了一個合適的切入點。學生利用生成式 AI 製作「港 AI · 港漁業」系列節目，將科學知識與生態安全、糧食安全等議題連繫起來。

資料搜集及考察

有幸獲得香港漁民青年會的支持，沈中的學生獲邀參加各種漁業相關的考察活動。高中生物科同學親身踏上真正作業的漁船進行實地考察，由本港漁民分享漁業知識和經驗分享；BSC ECO LAB 學會成員參加了西貢深灣珍珠養殖的體驗活動，了解養殖水產行業的發展。另外，近兩年沈中學生亦進行了三個漁業與科技主題的內地考察交流團，到訪了南方海洋實驗室及南海水產研究所，深入了解國家在海洋工程、海洋生態環境的發展，以及認識國家在發展海洋牧場及高效健康養殖的成果。

這些考察活動為整個「港 AI · 港漁業」系列節目提供充裕且豐富的知識基礎，同時這些節目影片亦是同學們最實在的活動成果展示。

• 捕魚漁船考察

由本地漁民親身介紹本港漁業現況及漁船內部結構。從是次考察活動同學們得知原來香港沒有休漁期，部分香港漁船取得內地捕撈許可證，成為「港澳流動漁船（Floating fishing vessels of Hong Kong and Macao）」可在我國內地南海水域捕魚。

漁民青年會主席崔景恒先生及本地漁民正在為同學講解本港漁業發展。

• 珍珠養殖體驗

深海養殖是其中一項漁業持續發展的方向。自 2012 年拖網捕魚被禁止後，本地漁民開始轉型發展深海養殖及生態旅遊團，漁民成為導賞員推廣漁民傳統文化及宣傳海洋生態環境保育的重要性。透過活動，學生可以親身了解漁民養殖漁業及捕魚的作業模式。

同學正在參觀養殖漁排（左）。漁民正在教授同學編織漁網技巧，相當講求眼手協調（右）。當日還有珍珠飾物製作體驗。

• 國家漁業與科技考察交流團

國家主力推動海洋工程和海洋生態環境發展。南方海洋實驗室展示了全球首艘智能型無人系統科考母船「珠海雲」的模型，又介紹了關於蝦生態健康養殖的技術。而南海水產研究所深圳試驗基地的專家們向沈中學生講解了海洋牧場概念及相關學習研究成果。

AI 節目製作

「港 AI．港漁業」系列以香港漁業文化及可持續發展為主題。當中每集影片長度為一分鐘，製作者為初中學生，他們在課堂上所學的 AI 知識在這計劃中得以實踐。

影片製作包括以下階段：講稿及 AI 主播製作、生成多媒體素材及剪輯影片。學生首先將考察活動的成果反思，結合第一手資訊及網上資料的搜集，編寫節目內容，並且製作講稿。然後在學校公開招募學生主播，為講稿進行錄音。中文科教師會訓練學生主播的説話部分，而 BSC Studio 攝影學會會為主播拍攝，最後交由 BSC STEM LAB 的學生著手製作虛擬 AI 主播。

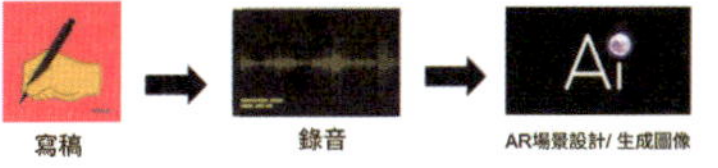

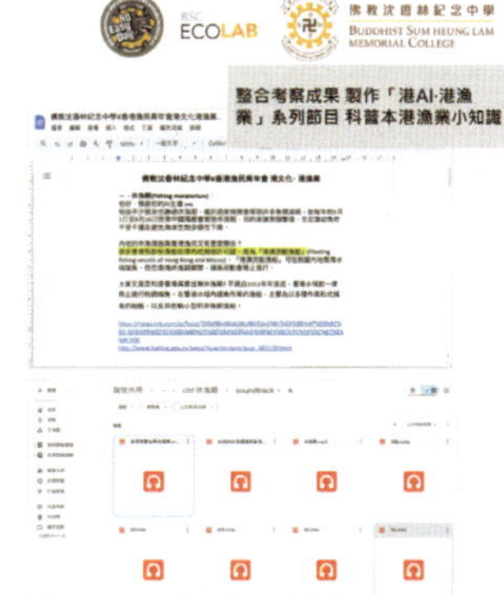

製作虛擬 AI 主播

學生為自己的 AI 主播配音

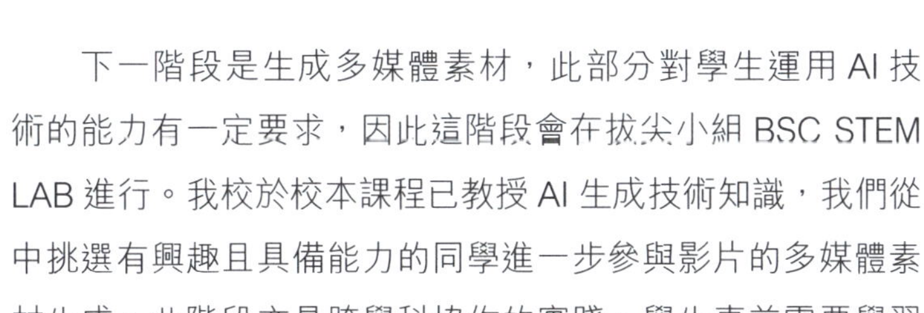

下一階段是生成多媒體素材，此部分對學生運用 AI 技術的能力有一定要求，因此這階段會在拔尖小組 BSC STEM LAB 進行。我校於校本課程已教授 AI 生成技術知識，我們從中挑選有興趣且具備能力的同學進一步參與影片的多媒體素材生成。此階段亦是跨學科協作的實踐，學生事前需要學習漁業相關的英文提示詞，然後將其轉化成精準的 AI 提示詞，再運用 txt2img 及 img2img 技術生成合適的多媒體，作為影片的素材。最後將素材及錄音檔剪輯成影片。

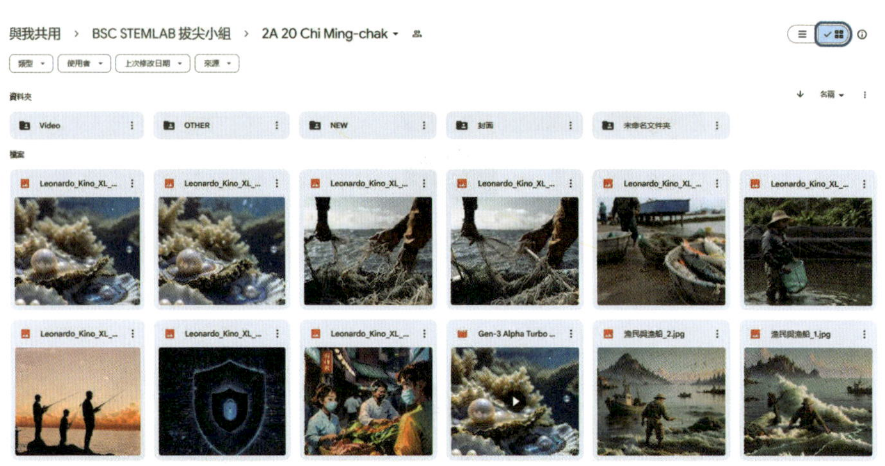

有別於傳統校園電視台的製作，AI 節目影片的優點是低成本，影片中的元素幾乎全部使用人工智能生成。值得一提的是，AI 主播的配音其實也能夠利用生成式技術生成，但我們堅持要求學生主播親自錄音，刻意採用學生的真實聲帶，希望能夠提供一個誘因去鼓勵學習動機不高的學生開口說話，讓他們也有展現自己的機會，提升自信心。事實也如是，現時擔任過 AI 主播的學生當中，大部分是來自非精英班（普遍學習動機不足的學生），甚至部分學生是有特殊學習需要，亦願意自薦成為 AI 主播，在學生成長的層面是成功的。

學生成果

「港 AI · 港漁業」AR 明信片

「港 AI · 港漁業」節目與屯門區議員崔景恒先生及香港漁民青年會合作推出，內容主要介紹本港漁業小知識。為配合漁業推廣，沈中學生亦製作了 AR 明信片，將 AI 節目影片嵌入虛擬實景中播放，公眾只需利用智能裝置掃描，便能輕鬆收看節目。

節目內容介紹了休漁期、本港漁船登記、香港的漁港、魚類批發市場及天后文化。最近「港 AI · 港漁業」節目獲得立法會漁農界何俊賢議員邀請合作，由何議員擔任 AI 主播講述漁民在防範國家安全漏洞的角色；另外我們亦得到漁農自然護理署支持，推出關於糧食安全的影片。

佛教沈香林紀念中學師生有幸獲邀出席國慶七十五週年美食展，並與全國人大代表、立法會議員霍啟剛先生、中聯辦新界工作部李蓟貽部長、中國海洋大學港澳事務辦公室主任李衛東博士、香港漁民團體聯會執行會長陳博智先生、漁農自然護理署助理署長朱振華博士及多位重量級嘉賓對談交流，分享學校在生成式 AI 漁業節目中的創新成果。另外，沈中學生亦於「2025 本地漁農美食嘉年華」中舉辦「漁農自然護理署 X 沈中生成式 AI 的平行時空」畫展，展示了一系列由我校 BSC STEM Lab 學生及「第二屆同創共學 - AI 咒語繪畫師比賽」小學得獎者創作與本地漁業相關的作品。有關作品運用 AI 圖像生成技術，展現出學生的無限創意與才華，並傳遞推動本地漁業和農業的美好願景，展示了藝術與科技交融的魅力。

首先掃瞄二維碼進入 Delightex（舊名 CoSpaces EDU）作品連結，按播放。按指示將鏡頭對焦 Merge Cube 圖案（下右圖），即可觀看 AR 元宇宙場景及相關影片。

糧食安全

漁農業與國家安全

請掃以下二維碼觀看學生作品影片：

糧食安全

漁農業與國家安全

天后文化

漁業文化 AI 繪本

BSC STEM LAB 成員在本學年開展進階學習，以漁業文化創作 AI 故事繪本。學生靈活運用提示詞工程及生成式 AI 的知識與技術，一手包辦劇本、分鏡和旁白設計。

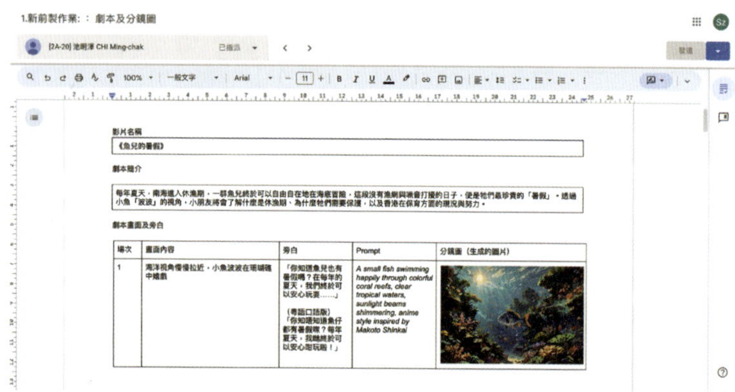

1.新前製作業: ：劇本及分鏡圖

[2A-20] 池明澤 CHI Ming-chak

影片名稱

《魚兒的暑假》

劇本簡介

每年夏天，南海進入休漁期，一群魚兒終於可以自由自在地在海底冒險，這段沒有漁網與漁會打擾的日子，便是牠們最珍貴的「暑假」。透過小魚「波波」的視角，小朋友將會了解什麼是休漁期、為什麼牠們需要保護，以及香港在保育方面的現況與努力。

劇本畫面及旁白

場次	畫面內容	旁白	Prompt	分鏡圖（生成的圖片）
1	海洋視角慢慢拉近，小魚波波在珊瑚礁中嬉戲	「你知道魚兒也有暑假嗎？在每年的夏天，我們終於可以安心玩耍……」 （粵語口語版） 「你知唔知道魚仔都有暑假㗎？每年夏天，我哋終於可以安心咁玩啦！」	*A small fish swimming happily through colorful coral reefs, clear tropical waters, sunlight beams shimmering, anime style inspired by Makoto Shinkai*	

2A 池明澤同學創作的故事繪本《魚兒的暑假》

《魚兒的暑假》2A 池明澤同學

場次	分鏡圖	旁白
1		你知道魚兒也有暑假嗎？在每年的夏天，我們終於可以安心玩耍……
2		我們居住在中國的南海地方，漁民會實行「休漁期」，讓我們可以安心地生活。
3		這段時間，最適合我們繁殖下一代，海底也變得安全起來。
4		我們在海底森林中追逐、玩耍、學習……這就是屬於我們的暑假！

5	 有陣時我哋游下游下都會去到香港嘅水域，雖然佢哋沒有實施休漁期，但已經禁止了破壞性的拖網捕魚，這有助於保護我們的家園。
6	 當人類給我們一點空間，我們的海洋就能再次變得豐富美麗。讓我們一起守護海洋，共同創造未來。
7	 這就是我們的暑假。希望有更多人守護我們的家園！

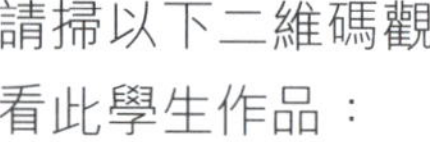
請掃以下二維碼觀看此學生作品：

利用人工智能
促進人與自然和諧共生

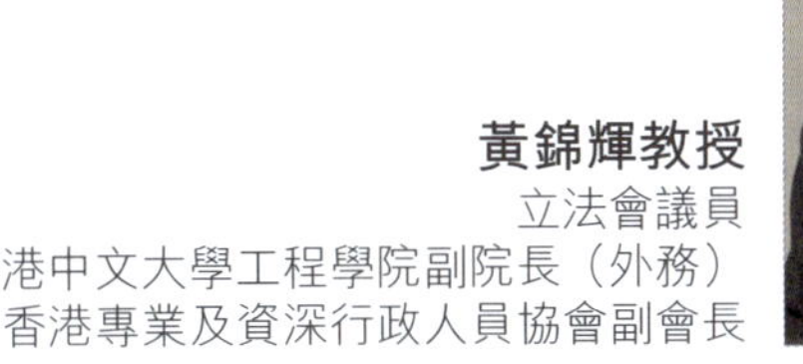

黃錦輝教授
立法會議員
香港中文大學工程學院副院長（外務）
香港專業及資深行政人員協會副會長

作者簡介

黃錦輝教授為香港中文大學工程學院副院長（外務）、系統工程與工程管理學系教授及創新科技中心主任。

在學術方面，黃教授的研究興趣集中在數據庫及中文信息處理方面，為國際計算語言學協會（ACL）會士，其亦活躍於資訊科技界及社會工作。彼為第十三屆及第十四屆全國政協委員、香港特別行政區第七屆立法會議員、團結香港基金顧問、香港專業及資深行政人員協會副會長、香港科技創新聯盟副主席兼秘書長、香港金融糾紛調解中心董事、廣東省粵港澳合作促進會常務理事、深圳市科協常務委員、廣州市科協港澳顧問等。

黃教授於 2011 年獲香港特別行政區政府頒發榮譽勳章，以表揚其對香港資訊科技界發展之貢獻。

生成式AI應用在全球工商業界炙手可熱。許多企業利用ChatGPT技術強化其提供的數碼服務，例如微軟公司利用ChatGPT增潤其Bing搜尋引擎的功能。簡單而言，ChatGPT是一個升級版的「對話機器人」平台，它聆聽用戶所提出的查詢（「提示詞」），然後輸出相應的合適方案（回應）。

人工智能科學家著力研發模擬人類智慧和能力的先進軟硬件科技，不斷追求「機器代人」的願景。針對人工智能「對話機器人」（Chatbot），大眾一般視之為人機對話的工具，例如商界將其用於在線客戶服務之中。然而，有科學家指出人工智能對話技術的使用並不局限於人，公開式「對話機器人」除了處理人類對話之外，亦會接收（「聆聽」）其他不同的聲音，例如動物的叫聲。

最近，筆者參加了一個「自然語言處理」（Natural Language Processing, NLP）的國際研討會，主旨演講是由美國非牟利組織「地球物種計劃」（Earth Species Project, ESP）總裁發表，題目為「我們能聽到你嗎？聆聽動物王國和科學社會聲音的模型」（"Can We Hear You? Models for Listening in the Animal Kingdoms and Scientific Communities"）。講者介紹ESP如何利用人工智能技術去識別不同動物所發出的聲音，並進行解碼，嘗試了解牠們如何利用叫聲溝通，更進一步分析當中所表達的信息。例如，「靈長類動物」（Primates，如猴子、猩猩）會因應有捕食者而向其同類發出不同警報聲；海豚則以彼此獨特的口哨聲相認等。

除此之外，講者在介紹另一項目時提及，ESP 的科學家運用人工智能去創造新的聲音，例如模仿座頭鯨發聲（説話）的方式，測試牠們的反應，並探索人工智能可否能辨識聲音當中隨機和具「語意」的變化。他們亦著力研發一套創新方法，利用「深度學習」（Deep Learning）的技術自行找出動物有多少種叫聲。這方法可以用來追蹤瀕臨絕種的物種，例如現時只能被圈養繁殖的夏威夷烏鴉，參考現存數據，找出有哪些叫聲在圈養的環境中已經失傳。研究結果可幫助科學家設計有效的方案，讓牠們能重返及適應野外環境。

概括而言，ESP 積極推行另類的「自然語言處理」研究，利用多元化的創新科技嘗試去找出及了解「非人類語言」，來促進生物研究和保護。這些研究工作非常有意義，是瞄準聯合國的「可持續發展目標」（Sustainable Development Goals, SDGs）而制訂的重要保育工程。

習近平總書記在黨的二十大報告中深刻闡述了人與自然和諧共生是中國式現代化的重要特征，對推動綠色發展、促進人與自然和諧共生作出重大戰略部署。科學家指出人類經濟活動不僅要遵循客觀的經濟規律，還要符合自然生態平衡和物質循環規律。所以理解地球物種的生態對人類的可持續發展尤其關鍵。科學無國界，ESP 的使命和新時代中國式現代化發展目標同出一轍，竭力「促進人與自然和諧共生」，而從上述科研項目可見，人工智能是人與自然（包括物種生態）之間的「超級連繫」平台。

善用生成式 AI
提升全港學生創意創新能力

香港大力推動「科學、科技、工程、數學」（STEM）教育，特區政府於 2020 年及 2021 年分別推出「中學 IT 創新實驗室」及小學「奇趣 IT 識多啲」計劃，共撥款約十億港元，以支援中、小學舉辦與資訊科技相關的課外活動，及購置有關活動所需的資訊科技設備或專業服務。

計劃設評審委員會，職權範圍包括訂立評審準則及制訂預先批核活動類別；及根據所制訂的評審準則，審核個別申請，並向政府資訊科技總監提出撥款建議，以確保所批核的資金是符合計劃的政策目標和資助範圍。委員會所定的準則明確，目標是確保計劃能夠幫助學生學習「善用」創新科技解決疑難，啟發他們的創意及解難能力，而並非僅僅限於工具的「使用」形式。而筆者有幸地獲當時「資科辦」（政府資訊科技總監辦公室，即現時「數字政策辦公室）邀請擔當委員會的主席。

過去一年的申請項目包羅萬有，例如有學校申請利用「可穿戴式設備」（Wearable Device），以協助學生在體育活動中收集運動員的數據，評測運動員的表現，繼而為他度身定制一套合適的操練計劃，以提升其表現。但若然申請者只要求學生「使用設備」作操練之用，欠缺培養學生的創意及思考能力，便未能滿足資助計劃預設的「善用創科」目標，申請難免被拒。又例如，有學校申請裝置「飛行模擬器」（Flight Simulator），目標似乎是讓學生率先體驗「揸飛機」的操作及樂趣；但體驗過程中沒有太多資訊科技的學習元素，違背計劃之初衷，所以申請亦難以獲批。

慎防學生過分依賴「谷歌老師」

何為「使用」和「善用」科技？除了上述例子以外，更簡單的解釋是「計數機」。在中小學階段，學生學習重點應該是如何解決複雜的數學問題，包括在有需要的地方使用計數機等輔助工具，而非熟習個別工具的操作。若然學生僅把數字不求甚解地輸入「計數機」（使用）而得出答案的話，從教育角度看這做法適得其反，學生未來面對數學問題時便會過於依賴「計數機」，對問題一知半解，嚴重影響教學。筆者認為學生如何認識科技的功能，能有效地運用它去設計最優的方案解決問題，才達到「善用」之目的。再以「谷歌」為例，美國知名科技文化作家卡爾（Nicholas Carr）曾公開提出質疑道：「『谷歌』使我們變笨了嗎？」（Is

Google making us stupid?）。而在現實教學中，學生過分「使用」（以致依賴）「谷歌」，凡事都詢問「谷歌老師」，此類案例比比皆是。學者斷言如此下去，學生便會不經意地把自己的「記憶體外判予互聯網」（Memory outsourced to the Internet），由計算機承包思考及分析工作，那麼學生便真的「變笨了」。

已有九成學校參與 IT 相關計劃

近期生成式 AI 技術風靡全球，本地學界亦紛紛使用，不少學校亦向「中學 IT 創新實驗室」及「奇趣 IT 識多啲」計劃申請資助，購買 MidJourney 和 ChatGPT 等系統，分別教導學生圖像和文字創作，評審委員基本上對學校積極鼓勵學生採用先進 AI 技術均表示歡迎，但在審批過程中委員們提醒教師除了向學生解釋生成式 AI 的使用方法以外，也要告之他們這些工具的功能及其利與弊（例如道德、知識產權等方面），讓學生能好好「善用」MidJourney、ChatGPT，否則便會弄巧成拙，學生日後創作只會假手於「人」（AI），創意能力全失。再者，由於現時不少教師對生成式 AI 教學仍然「丈二和尚摸不著頭腦」，有委員建議政府鼓勵參與的學校、教師多站出來分享其生成式 AI 教學經驗，供其他教師參考，筆者更建議政府可以考慮整合這些經驗，成為教案，集結成書，供全港教師參考。

總括而言，「中學 IT 創新實驗室」及「奇趣 IT 識多啲」

計劃進展順利，至今已有九成以上的學校參與，達到政府的預期目標。儘管如此，評審委員仍未滿足，希望剩餘的一成學校亦盡快提交申請，旨在令全港學校的 AI 教學水平均能獲得提升，為香港打造「國際創科中心」、做好人才培育的基礎。

原刊於《星島日報》，文章獲作者授權轉載。

以 AI 推廣漁農業文化

崔景恒
香港漁民青年會主席
屯門區議員
漁農界選委

作者簡介
現任屯門區議會區議員，並擔任何俊賢立法會（漁農界）議員辦事處顧問。亦是香港漁民青年會主席及新界青年聯會副主席；同時身兼廣東省、陽江市及珠海市港澳流動漁民協會的重要職務。
在公共事務領域，現為香港特別行政區第六屆選舉委員會（漁農界）選委，並參與多項關鍵委員會，包括機管局漁業提升基金、海上液化天然氣接收站漁業資助計劃管理委員會，以及漁業發展貸款基金顧問委員會。此外，亦擔任屯門西南分區委員會委員、海岸公園委員會增選委員等職。

近年不論特區政府和業界也積極推動漁農業升級轉型，除了行業的標準化、機械化及智慧化，如何推動市民認識也是十分重要的課題，這也關係到漁農產品、休閒漁農業的推廣，也與新一代的入行息息相關。不過，現時行業始終以個體戶為主，整體思維較為傳統。當然，傳統風味也是漁農業的一大賣點，但如何更生動活潑地作宣傳，則對不少業界朋友也是「諗爆頭」的難題。

近年，香港漁民青年會聯同佛教沈香林紀念中學、香港浸會大學中文系、AiTLE、iProA 及各個有興趣推廣漁農業的團體，推出一系列的活動和工作，可謂小有成效，但不論成效是大是小，筆者認為這對於有志推動漁農業的可持續發展，或者是推動其他事情的朋友而言，這些經驗必定會有啟發作用。

一、以擴增實境（AR）及虛擬實境（VR）技術推廣業界知識

一般市民較難接觸大型漁船或魚排。近年，佛教沈香林紀念中學、香港漁民團體聯會及香港漁民青年會聯合製作了一系列的明信片，學生透過實地考察漁船、魚排、漁港，再經製作，市民便可透過明信片的二維碼及 CoSpaces 軟件，以手機等裝置觀看到漁業相關的 AR 或 VR 影像。讓市民及學生更容易了解業界發展。本人也認為這項技術可以進一步用於平時不能進

入的禽畜農場，甚至其他一般人無法接觸的業界或非業界領域，讓知識的推廣變得更為簡單容易，在課室或城市裡就能知曉更多業界事情。同時，我也非常感謝 AiTLE 在今年舉辦的「第五屆小學創科 VR/AR 設計獎（TIDA）」，以香港漁業作為其中一個主題，讓同學們可透過參與漁業相關的 VR/AR 製作，增加對業界的認識。

二、「同創共學 - AI 咒語繪畫師」比賽

2024 年，香港漁民青年會有幸與佛教沈香林紀念中學、香港浸會大學中文系、AiTLE、iProA 等團體舉辦「同創共學 - AI 咒語繪畫師」比賽。這個比賽對於近兩年的城市人而言較為耳熟能詳，是一個以 AI 創作出指定主題畫作的比賽。這個比賽的意義除了讓高小學生掌握這門重要手藝、與世界接軌之外，對於我們業界而言，同學們天馬行空的創意也大大啟發了業界的宣傳方式，所謂「當局者迷」，有時候透過參賽者對業界的觀感，反而有助我們向受眾提供服務和產品；同時，比賽也有助我們將業界與現今生活連繫起來，並有機會接觸 AI，為推動業界可持續發展起著正面積極作用。

三、「港 AI．港文化．港漁業」系列 AI 校園電視台

除了圖像，有趣的影像對大多數市民而言更具吸引力。過去我在何俊賢立法會議員辦事處工作時，也曾經參與製作一系列漁農相關的介紹短片，所能接觸的受眾不論在人數還是廣度也比以文字和圖像所宣傳而接觸到的要多；除此之外，電視台有關香港食材和業界的節目也是不少市民喜聞樂見的。所以，「港 AI．港文化．港漁業」系列節目的意義可謂顯而易見。而更重要的是，如果給予足夠的業界指導意見，其實數個接受過訓練的中學生也能在短時間內製作出一套短片，這對於任何一個範疇、領域而言，也是非常便利的一門手藝。

隨著 AI 技術的普及和發展，讓推廣漁農業界及文化的工作變得更為豐富、多彩，而且也大大減少業界推廣活動及產品的成本，非常希望這些經驗能夠對有志使用 AI 和科技來推廣業界及其他事物的你有所幫助，也期望更多人也可以體會到 AI 和科技為社會帶來的種種方便及好處。

AI
在 BSC Studio 上的應用

周華
佛教沈香林紀念中學
歷史科主任 /BSC Studio 負責教師

作者簡介

周華，佛教沈香林紀念中學歷史科主任，BSC Studio 負責教師。負責統籌學校對內及對外攝影工作，營運以學生為主的 BSC Studio。曾參與香港佛教聯會舉辦全港最大型浴佛大典攝影工作。2022-23 年度獲「香港大學國際傑出電子教學獎」—「STEM 運算思維組別 - 銀獎」、2023-24 年度獲「香港大學國際傑出電子教學獎」—「STEM 運算思維組別 - 金獎」。

我希望透過 AI 讓學生發掘攝影更多的可能性。

AI 兒童故事

隨著科技的進步和 AI 技術的普及，教育領域正經歷著一場深刻的變革。AI 工具的應用不僅改變了我們的學習方式，更為創作活動提供了全新的可能性。在中三校本課程中，學生運用 AI 工具進行創作，例如生成劇本、圖片，將圖片轉化為影片，並根據劇本內容創作歌曲。這一系列活動充分體現了 AI 工具在教育中的價值：不僅降低了製作影片故事的門檻，還為學生提供了更多的創作機會，真正實現了普及教育的理念。

AI 工具的應用：創作流程的全面革新

在傳統的故事創作過程中，學生需要投入大量的時間和精力來完成劇本撰寫、手繪或拍攝圖片，以及剪輯影片等繁瑣的工作。這些技術門檻往往讓缺乏專業技能的學生望而卻步，甚至因此錯失表達創意的機會。然而，AI 工具的加入，讓這一切發生了翻天覆地的變化。

首先，在劇本創作方面，學生可以利用 AI 工具快速生成故事框架或台詞。例如，AI 可以根據學生提供的主題或簡單提綱，自動生成完整的劇本，涵蓋人物對話、情節發展和主題結尾。這樣的功能不僅提高了創作效率，還能幫助學生更好地理解故事結構，從而提升寫作能力。

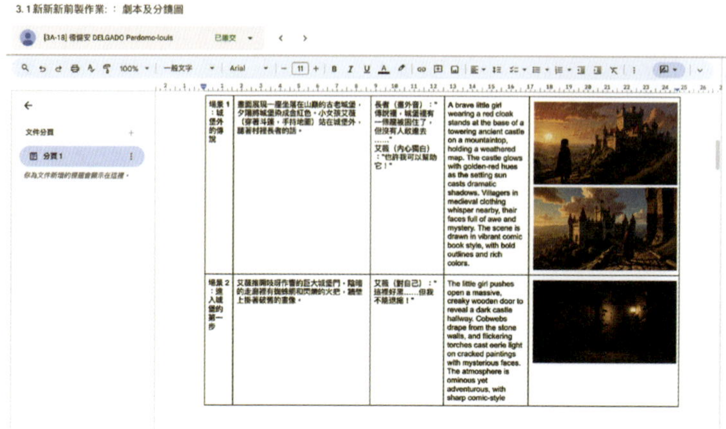

3.1 新新新前製作業：：劇本及分鏡圖

場景1：城堡外的傳說	畫面展現一座坐落在山巔的古老城堡，夕陽將城堡染成金紅色。小女孩艾薇（穿著斗篷，手持地圖）站在城堡外，聽著村裡長者的話。	長者（畫外音）："傳說裡，城堡裡有一條龍被困住了，但沒有人敢進去……" 艾薇（內心獨白）："也許我可以幫助它！"	A brave little girl wearing a red cloak stands at the base of a towering ancient castle on a mountaintop, holding a weathered map. The castle glows with golden-red hues as the setting sun casts dramatic shadows. Villagers in medieval clothing whisper nearby, their faces full of awe and mystery. The scene is drawn in vibrant comic book style, with bold outlines and rich colors.	
場景2：進入城堡的第一步	艾薇推開吱呀作響的巨大城堡門，陰暗的走廊裡有蜘蛛網和閃爍的火把，牆壁上掛著破舊的畫像。	艾薇（對自己）："這裡好黑……但我不能退縮！"	The little girl pushes open a massive, creaky wooden door to reveal a dark castle hallway. Cobwebs drape from the stone walls, and flickering torches cast eerie light on cracked paintings with mysterious faces. The atmosphere is ominous yet adventurous, with sharp comic-style	

其次，在視覺創作方面，AI 可以根據文字描述生成圖片。例如，學生輸入「一片充滿奇幻色彩的森林，陽光透過樹葉灑下斑駁的光影」，AI 工具便能生成相應的畫面，甚至可以多次調整細節，直至滿足學生的期望。這種基於 AI 的圖片生成技術，不僅讓學習者省去了手繪或拍攝的繁瑣步驟，還拓寬了他們的創作邊界，使得原本需要高難度技術支持的圖像設計變得輕而易舉。

最後，將圖片轉化為影片的過程也因 AI 工具的加入變得更加簡單。學生只需將多張 AI 生成的圖片導入影片製作工具，添加轉場效果和背景音樂，便能快速生成一部視覺效果極佳的影片。同時，AI 工具還可以根據劇本內容自動生成歌曲，結合影片使用，進一步增強故事的表現力和感染力。

降低創作門檻：讓更多學生參與到創作中

AI 工具的應用，最顯著的效果便是大幅降低了創作的門檻。過去，製作一部影片故事需要具備大量專業技能，包括劇本撰寫、繪畫、攝影、影片剪輯和音樂製作，而這些技能的學習成本往往超出了大多數中學生的能力範圍。如今，AI 工具的普及讓這些專業技能得以簡化，甚至是自動化，學生只需學會如何使用 AI 工具，便能完成一部完整的影片創作。

以下為學生作品：

《明澤的智慧之路》3C 孫健欣

AI 生成的圖片	旁白
	在一座青山環繞的小村莊裡，住著一個善良的少年，名叫明澤。他勤勞樸實，日復一日過著平靜的生活，但總覺得心中有些疑惑未解。
	明澤在樹下發現一本破舊的佛經，風吹動頁面，他好奇地翻開，目光被其中的文字吸引。

AI 生成的圖片	旁白
	佛經中的因果法則告訴他，每一件事情都有因緣的聯繫。他開始觀察自然，試圖明白這其中的道理。
	一天，突如其來的洪水襲擊了村莊，引發了恐慌和混亂。情況雖然危險，但明澤心中的同情悲憫給予他強大的勇氣和力量，迅速投入救援。他引導村民們撤離到安全的地方，在災難中帶來了希望和安慰。
	經過這件事情，明澤決定離開家園，去尋找真正的智慧與慈悲。他希望用智慧解開苦難的根源。
	修行的日子非常艱苦，但明澤沒有放棄。他相信，只有通過堅忍，才能找到心中的光明。
	經過多年的努力，明澤終於在菩提樹下領悟了智慧。他明白了因果法則和緣起的真理，也懂得了慈悲的力量。

AI 生成的圖片	旁白
	明澤回到家鄉，將自己所學的一切傳授給村民。他用智慧和慈悲，幫助人們解開心中的煩惱。
	終於，明澤以無量的智慧與慈悲，成為了佛陀。他的光芒照亮了無數人的心。
	明澤的故事告訴我們，每個人都能找到自己的智慧與慈悲，只要我們珍惜因緣，用心學習，堅持不懈。

請掃右邊二維碼觀看此學生作品：

《小男孩的藝術夢》3C 區淑媛

AI 生成的圖片	旁白
	在一個美麗的農村小鎮上，住著一位名叫小明的小男孩，他熱愛繪畫。
	小明投入地享受創作的過程，心中懷有成為藝術家的理想。
	然而，追夢的路並不平坦，有時他的畫作不被認可，甚至受到批評。
	但小明堅忍不拔，決心不放棄，忍耐著每一次的考驗。

在這段過程中，他開始理解自學的要性，經常反思自己的作品。

在這段過程中，他開始理解自學的重要性，經常反思自己的作品。

小明虛心向其他藝術家學習，並關懷他人，與大家和諧共處。

透過這樣的交流，他廣結良緣，建立了深厚的友誼。

小明的畫作在村莊的畫展上展出，村民們欣賞，讚美不已。

小明實現了自己的藝術夢想，臉上洋溢著自信和滿足。

這一切，都是因為他始終投入、堅忍不拔、善於反思和廣結善緣！

小明的故事告訴我們，追尋夢想的路上，勇敢與努力是最美的畫筆。

請掃右邊二維碼觀看此學生作品：

《Sophia and friends》3C 葉靖

AI 生成的圖片	旁白
	在一個陽光明媚的日子，Sophia 的生日派對在城堡裏舉行。
	Sophia 計劃著這個派對，想讓每個人都開心，但在準備過程中，她遇到了一些困難。
	氣球漏氣，蛋糕摔壞了 Sophia 感到非常沮喪，似乎一切都不如預期。
	Sophia 不知怎麼辦，和朋友看著爛掉的蛋糕，臉上流露著失望。
	她決定與朋友們分享自己的困惑，尋求大家的幫助，讓每個人都能參與解決問題。

在大家的合作下，新的蛋糕迅速做好了。每個人都感受到彼此的關心和支持。

最終，派對在歡樂的氣氛中開始了，大家一起慶祝，感受到友誼的力量。

Sophia 注意到一位新同學孤獨地坐在一旁，於是她主動邀請她加入，讓每個人都感受到被接納。

受到 Sophia 啟發的朋友們開始互相幫助，顯示出合作的力量，讓派對變得更加精彩。

Sophia 明白了，智慧和慈悲是克服困難的關鍵，而友誼則讓每個挑戰都變得輕鬆。

請掃右邊二維碼觀看此學生作品：

《小羽的追夢故事》3C 盧紫悠

AI 生成的圖片	旁白
	小羽是一個普通的女孩，生活在香港，心中卻有一個不普通的夢想——成為一名舞者。她相信，只要努力，就能讓夢想閃耀。
	她喜歡音樂，也愛舞蹈。她明白，舞蹈是她的熱愛，但要實現夢想，光有熱情還不夠。
	每一次的摔倒，都是一次成長。小羽知道，只有經過努力，才能讓自己的心中的光明顯現出來。
	到了這個新地方，小羽下定決心要更加努力，她知道，只有珍惜每一個因緣，才能讓她的夢想綻放。
	開始的挑戰讓她感到害怕，但她明白，困難是成長的必經之路，只有堅忍不拔，才能破除無明，讓智慧閃耀。

她學會了反思自己的每一步，改正錯誤，讓心中的光明越來越顯現。

她明白，追夢路上，不只是靠自己。用心聆聽他人，與人合作，才能讓夢想變得更加美好。

即使舞台再小，她依然全力以赴。因為她知道，每一次的努力，都是為了更大的舞台。

反思讓她更加明智，她用心學習，也珍惜每一個幫助她成長的因緣。

每一次的汗水和努力，讓她的夢想終於綻放光芒。小羽明白，智慧與慈悲，都是追夢路上最重要的力量。

請掃右邊二維碼觀看此學生作品：

這種變化不僅讓更多學生有機會參與到創作活動中，也體現了教育普及化的核心理念。AI 工具的使用，讓創作不再是一件「專業人士的事」，而是任何人都可以嘗試的活動。即使是那些平時對技術感到陌生或對藝術創作感到無從下手的學生，也能夠通過 AI 工具創造出令人驚豔的作品。這不僅增強了學生的信心，還能激發他們的創造力和想像力。

課程延伸

BSC Studio 善用深度學習技術，乘著電影《九龍城寨》熱潮，與英文科聯合製作《九龍城寨》的二次創作 Twilight of the Warriors / Walled In。是次二次創作訓練出沈中師生的樣貌 AI 模型，將其融入電影角色之中。透過 AI 技術，師生們得以「出演」經典場景，體驗與原作角色互動的創意過程。這不僅讓傳統電影創作注入新鮮感，也在技術與藝術的結合中，展示了 AI 在影視創作中的廣闊應用潛力，為師生留下難忘的參與體驗。

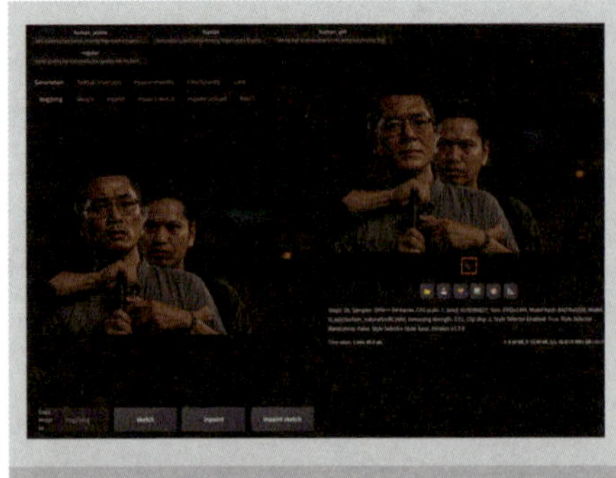

利用深度學習，將原先角色換成古天樂

同樣原理，利用深度學習訓練沈中師生的樣貌 AI 模型進行電影二次創作。

請掃右邊二維碼觀賞製作成品：

AI 工具在教育中的意義與挑戰

AI 工具在中三校本課程中的成功應用，充分展示了科技與教育的結合所帶來的巨大潛力。然而，這同時也提出了一些值得深思的問題。例如，學生在使用 AI 工具時，是否會因過於依賴技術而忽視了基礎能力的培養？在創作過程中，學生是否還能夠保有對創意和個性化表達的重視？

因此，教育者在引入 AI 工具時，需要平衡工具使用與學生能力培養之間的關係。AI 工具應該被視為一種輔助工具，而非完全代替學生的創作過程。在課程設計中，教師可以鼓勵學生對 AI 生成的內容進行再創作或慎思明辨思維，例如修改劇本、優化圖片，甚至為影片創作自己的配樂，從而讓學生在創作中發揮更大的主動性。

結語：普及教育的未來新方向

AI 工具的應用，為中三校本課程的創作活動注入了新的活力。它降低了創作的技術門檻，讓更多學生能夠參與到影片故事的製作中，實現了普及教育的核心目標。同時，AI 工具也為學生提供了一個全新的學習與表達平台，幫助他們更好地發展創造力和自主學習能力。

然而，教育者在推廣 AI 工具的同時，也需要關注學生基礎能力的培養，確保創作過程中不會失去個性化的表達和對創意的重視。未來，隨著 AI 技術的不斷進步，我們有理由相信，教育將變得更加多元化和普及化，每一位學生都能在創作中找到屬於自己的舞台。

使用 AI 技術實現長者夢想的反思：婚紗攝影與願望清單的融合

今年，我有幸參與了一項特別有意義的活動：為一班患有認知障礙的長者進行婚紗攝影，並運用 AI 技術將照片背景改為他們願望清單中的夢想場景。這次經歷不僅讓我深刻感受到科技的力量，也讓我重新思考了如何通過創意和技術為弱勢群體帶來更多溫暖和希望。

婚紗攝影：記錄幸福，喚起記憶

婚紗攝影對於這些長者來說，並不僅僅是簡單的拍照，而是一種情感寄托和回憶的重現。許多長者可能因為種種原因未曾拍過婚紗照，或者是早年的婚紗照已經無法保存。因此，這次拍攝活動為他們提供了一個重新穿上婚紗、回到青春歲月的機會。當我看到長者們穿上精美的婚紗或西裝，臉上綻放出久違的笑容時，我深刻地意識到，這些照片不僅是影像的記錄，更是一份能夠點燃他們內心幸福感的禮物。

在拍攝過程中，我們還特意根據每位長者的身體狀況和個性化需求設計了不同的場景和姿勢，確保他們能感受到舒適與尊重。這種細緻入微的安排，不僅讓他們能夠享受拍攝的樂趣，也讓他們感到被重視和關愛。

AI 技術：實現夢想場景的想像力延伸

拍攝完成後，我們運用了 AI 技術，將婚紗照片的背景替換為長者們願望清單中的夢想場景。例如，有人希望能站在艾菲爾鐵塔下拍婚紗照、有人渴望背景是櫻花盛開的日本街道、也有人想像自己置身於遼闊的草原或壯麗的山川。AI 技術的加入讓這些看似遙不可及的夢想得以實現，並且效果真實、自然，彷彿他們真的踏足過那些地方。

當長者們看到最終的成片時，很多人都露出了驚訝且感動的表情。一位長者對我說：「這是我一生中最美的婚紗照，沒想到有生之年真的能實現這個夢想。」這句話讓我深受觸動，也讓我更加堅定了使用科技為弱勢群體創造幸福的信念。

學生為長者拍攝婚紗照片

根據長者意願使用 AI 技術後期製作到他們想到的地方

後製成果

長者最終收到實物後均感到滿意

反思：科技與人性的結合

這次活動讓我更加認識到，科技不僅僅是冰冷的工具，更是一種可以傳遞溫暖與愛的媒介。AI 技術的應用不只是為了追求效率或創新，而是旨在幫助那些需要關懷的人實現他們的夢想。在為長者拍攝婚紗的過程中，我們不僅見證了他們的笑容，也感受到了科技在人性化應用中的巨大潛力。

然而，這次經歷也提醒我，科技的使用應該建立在尊重與理解的基礎上。我們在運用 AI 技術時，始終保持與長者的溝通，確保每一張照片都符合他們的心願，而不是機械地套用技術。這種人性化的操作，才真正讓科技成為實現夢想的橋樑。

結語：為夢想插上科技的翅膀

透過這次婚紗攝影活動，我深刻體會到，科技的價值在於它能拉近人們與夢想之間的距離。對於患有認知障礙的長者來説，一張融合了婚紗與夢想場景的照片，不僅是一份美好的回憶，更是一種情感的寄托與心靈的慰藉。未來，我希望能繼續運用 AI 技術，為更多有需要的人創造幸福與希望，讓每一個夢想都能插上科技的翅膀，飛得更高、更遠。

使用 AI 壓縮拍攝時間的反思：高效創作的新可能

在傳統拍攝工作中，劇本創作、分鏡圖設計以及鏡頭角度的規劃往往是最耗時且最具挑戰性的，這些環節需要大量的人力和時間投入。然而，隨著 AI 技術的發展，這些繁瑣的步驟如今可以交由 AI 完成，大幅壓縮了拍攝所需的時間，為創作者提供了更加高效和便捷的工作模式。

AI 在劇本創作中的應用

劇本是所有拍攝工作的基礎，但它的創作往往需要耗費大量時間進行構思和撰寫。傳統上，創作者需要反覆推敲情節、台詞和角色動機，這是一個既需要靈感又需要耐心的過程。而 AI 工具能快速根據簡單的敘述生成完整的故事框架、對話和場景描述，例如根據主題生成多種版本的劇本，讓創作者快速選擇或進行進一步的修改。這不僅提高了創作效率，還為創作者提供了更多靈感，打破靈感匱乏的限制。

AI 在分鏡圖設計中的角色

分鏡圖是將劇本轉換為視覺化形式的重要工具，傳統上需要美術設計師與導演進行長時間的溝通與反覆調整。然而，如今的 AI 工具可以根據劇本描述，生成高質量的分鏡圖，並考慮構圖、視覺重點和情感表達。例如，AI 可以自動設計角色的站位、鏡頭的遠近景切換，甚至模擬光影效果，為導演提供多種分鏡選擇，極大地縮短了設計時間。此外，如果需要修改，AI 也能根據反饋快速進行調整，替代了以往繁瑣的人工繪製過程。

分鏡圖

AI 在鏡頭推薦與拍攝角度中的應用

選擇鏡頭運動方式和拍攝角度是拍攝過程中最具挑戰性的部分之一，尤其是在需要表現複雜場景或情感張力時。AI 工具能通過分析場景描述，自動推薦最佳的拍攝角度和鏡頭運動，甚至可以根據氣氛需求提供多種動態效果建議，例如推鏡、搖鏡或俯拍等。這種智能化的建議讓導演能更高效地完成取景和畫面捕捉，減少在現場試錯的時間。

2425 Filmit Group 1 Fiona and Yendy

分鏡圖：《A World of Fun》

影片時長：1 分鐘
角色：
✔ Fiona（對閱讀沒興趣）
✔ Yendy（熱愛閱讀，帶領 Fiona 體驗閱讀樂趣）

焦距標記：
◆ 廣角 (18-24mm) → 建立場景
◆ 標準焦段 (35-50mm) → 角色互動
▲ 中長焦 (85mm 以上) → 情感特寫

第一場（0:00 - 0:15）— 設定場景

#	鏡頭類型	焦距建議	畫面描述	對白	拍攝技巧
1	全景（WS）	◆ 18-24mm (廣角)	圖書館內，全景展示書架與閱讀區，環境溫暖寧靜。	-	緩慢推進鏡頭，建立場景氛圍。
2	中景（MS）	◆ 35-50mm (標準焦段)	Fiona 獨自坐著，托腮，表情無聊。	-	固定鏡頭，營造她的孤單感。
3	過肩鏡頭（OTS）	◆ 50mm (標準焦段)	Yendy 興奮地跑來，手裡拿著一本書，靠近 Fiona。	Yendy: "Fiona, why are you down?"	Yendy 出場動作快，形成與 Fiona 的對比。
4	中景（MS）	◆ 35-50mm (標準焦段)	Fiona 嘆氣，轉頭看向 Yendy。	Fiona: "I'm just bored and don't know what to do."	Fiona 動作緩慢，強調她的無聊感。

使用 AI 建議的構圖及對白的實拍

反思與未來展望

雖然 AI 技術大幅提高了拍攝過程的效率，但也帶來了一些值得反思的問題。首先，AI 雖然能快速生成創作素材，但這些素材可能缺乏創作者個性化的表達和獨特視角。導演和創作者仍需對 AI 提供的建議進行篩選和調整，以確保作品具有情感深度與藝術價值。此外，過於依賴 AI 可能導致創作者對基礎技能有所忽視，長期而言可能會削弱創作能力。

總而言之，AI 技術的應用為創作帶來了全新的可能，尤其是在壓縮拍攝時間和提高創作效率方面展現了極大的潛力。然而，創作的核心依然在人，只有將 AI 視為輔助工具，與創作者的靈感和藝術判斷相結合，才能真正實現科技與創意的完美融合。

當 AI 甚麼都能畫，
我們還需要學習藝術嗎？

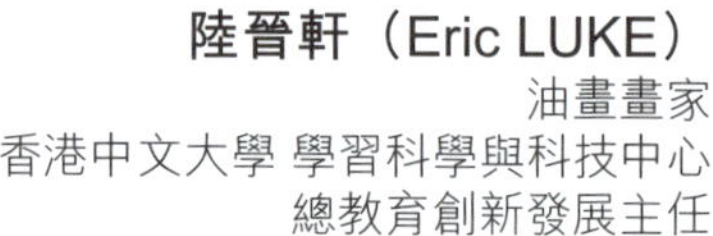

陸晉軒（Eric LUKE）
油畫畫家
香港中文大學 學習科學與科技中心
總教育創新發展主任

今天只需輸入幾行提示詞，AI 就能生成不同風格的畫作。我們不禁會問：「既然電腦都能畫畫，我們還要學藝術嗎？」本文會從兩個角度來説明：一是有實際功能的藝術，例如商業設計、宣傳圖；另一種是純粹為了表達和感受的藝術（Fine Art）。探討在 AI 時代下，藝術學習和創作仍有甚麼價值和可能性。

AI對「有目的」藝術的衝擊

商業與設計領域

服裝試衣圖、指示標誌、分鏡腳本（Storyboard）與概念設計（Concept Art）皆屬「有目的」藝術——重點在於快速、準確地傳遞資訊。生成式AI可於數秒完成，且能根據反饋快速迭代，其效率與成本已勝過百分之九十九的人類畫師。

時間成本優勢

若計算人手寫稿、修改、著色所需的工時，AI幾乎「無敵」。這迫使業界重新思考藝術人才的定位：人類將更傾向擔任導演、策展與審美把關的角色，而非執行層面的技術工。

重拾藝術的本質：Fine Art作為出路

藝術行為即目的

舞蹈、裝置藝術、油畫創作等Fine Art類別，往往不以傳遞明確資訊為先，而是在乎觀者的情感共鳴與自我表達。這些面向強調「過程」與「體驗」——恰是AI難以取代的核心。

藝術創作的三大歷程

題材探索（Subject）

從選擇題材到確立主題，畫家首先要與對象建立情感連結——可能是一張祖母年輕時的黑白相、陪伴自己長大的寵物，或童年常到的海邊。有人會早起捕捉日出，有人則研究某建築物的窗台。這些「找對象」的過程，往往被藝術家視為最開心、最具冒險感的時刻——每發現一個新 Subject，仿佛開啟一次與世界重新對話的旅程。

觀察・詮釋（Observe & Interpret）

人類不會如相機般逐像素複製現實，而是透過「符號化」將複雜事物濃縮成易讀的意象。例如：我們往往以心形圖案代表「心臟」乃至「愛」——即使真正的心臟外形與之南轅北轍，觀者仍能瞬間會意。又如畫家描繪頭髮或鬍子時，並非執著於逐根刻劃，而是先用大面積的明暗塑造立體量感，再點綴幾筆高光或陰影，便足以讓欣賞者的大腦自動「補完」成千上萬根髮絲。這種在觀察與詮釋之間取捨、提煉與抽象的能力，植基於文化脈絡與個人經驗，也是 AI 難以複製的創作深度。

技術呈現（Technique）

調色、筆觸、透視、比例等屬於「手工藝」層面的，AI 在此處確實威力強大——它可以瞬間試色、修正構圖，甚至模擬各種材質筆觸，大幅縮短製作時間。然而必須強調：AI 的影響僅止於此。對於（1）題材探索與（2）觀察・詮釋兩大內在歷程，AI 既不能感受情感，也無法替創作者獵捕靈感或從文化脈絡中抽象意義，完全「冇影響」。換言之，AI 只是一把極快的畫筆，卻不是靈魂與眼睛。

不可取代的內在價值

（1）題材探索與（2）觀察・詮釋屬於藝術創作的核心歷程，不但反映創作者的經歷、情感與價值觀，也是構成作品獨特性的根源。AI 能夠輔助完成構圖與技術處理，但它無法理解你為何選擇畫那棵家附近老榕樹，也無法體會某段旋律或畫面在你心中所牽動的回憶。換言之，AI 只能參與（3）技術呈現這一環節，對於（1）題材探索與（2）觀察・詮釋這兩個深具人性與感知層面的階段，並無涉足能力。因此，藝術教育應更積極培養學生的觀察力、詮釋力與自我表達能力，讓 AI 成為創作過程中的工具，而非取代創意與靈感的來源。

AI 時代繪畫的新走向

現場繪畫表演（Live Painting Performance）變流行

傳統繪畫不再只是靜態展示，越來越多藝術家選擇在觀眾面前即席創作，讓整個作畫過程成為觀賞的一部分。無論在商場、校園或藝術館，觀眾都可以親眼見證畫面如何從空白畫布逐步構成，感受創作背後的情感與節奏。這類表演強調技術與現場氛圍的結合，極具感染力。已故美國畫家 Richard Schmid 就以現場即席作畫聞名，他曾多次在大學講堂作畫示範，吸引大量觀眾欣賞其筆法與創作思考，是藝術與現場觀眾交流的典範。

社交式創作：Art Jam 變身新世代「聚腳點」

Art Jam 是一種結合藝術與社交的活動，參加者可在輕鬆的環境下自由創作畫作，毋須任何繪畫經驗。活動通常設於畫室或咖啡館內，提供顏料、畫具及畫布，參加者可以與朋友邊畫邊聊天，享受創作的樂趣。Art Jam 活動讓參加者一邊繪畫一邊社交，既可放鬆心情，又能促進創意思維。部分工作室更加入簡單的 AI 工具協助構圖，令初學者亦能輕鬆上手。週末相約三五知己「jam 畫」，正逐漸取代唱 K、打邊爐等傳統聚會形式，是越來越受歡迎的休閒選擇。

追求「思考深度」多於「像素精度」：

AI 降低了技巧門檻，藝術教育因此把焦點轉向視覺語言與文化脈絡的深層探討。許多本地教師鼓勵學生把 AI 起稿視作「草圖生成器」，再透過素描、水墨或數碼拼貼進行再詮釋，製作具個人論述的作品集（Portfolio）。

藝術療癒與身心健康走向普及

教育局及多個社福機構近年推動「藝術 × 心靈」計劃，把繪畫融入情緒教育。有中學於圖書館旁設「靜觀畫室」，讓學生於午膳時段即興作畫；亦有精神科團隊利用 AI 建議色彩與構圖，協助病人記錄情緒變化。當繪畫成為日常心理健康管理的一環，其社會價值已超越純粹的美學範疇。

教育層面的建議

核心素養更新

把「觀察・詮釋」納入課程重點，輔以 AI 工具協助技術演練，將時間還給創意思考與表達。

加入東西方傳統藝術元素

鼓勵學校在課程中引入包括水墨畫、油畫、粉彩、壓克力等多種媒介，讓學生認識和體驗不同文化的藝術語言。這有助於培養學生對材質的理解、手感的掌握及藝術傳統的尊重。

避免過度依賴數位媒介

在教授數位繪圖技巧的同時，亦應確保學生有足夠機會接觸傳統媒介（如粉彩，油彩，壓克力等）的操作與創作歷程。透過實體繪畫，學生能更深入理解顏料、筆觸與畫面結構，提升整體藝術感知與思維深度。

結語

當 AI 能瞬間生成精緻畫面，人類藝術教育的價值反而更加突顯——那是一種回到初心、強調「看見」與「感受」的修煉。只要我們把 AI 視作放大靈感與技術的助理，而非威脅，藝術課堂將成為啟發學生自我探索與跨域創新的旅程。

生成式 AI
重塑教育公平：
幫助基層學生拉近學習起跑線

鄧咏堯
青年新世界副主席
香港註冊教師

作者簡介

「青年新世界」2013 年成立於香港，為專注基層教育的非牟利機構，副主席鄧咏堯為創會成員之一。機構提供免費學術輔導、職涯規劃及領袖培訓，十年間服務逾萬基層學生。鄧咏堯具香港中文大學教育學碩士背景，現攻讀華中師範大學教育博士，研究結合數位科技與弱勢學習支援。教育理念為致力創造平台讓不同階層的青年實現夢想，協助他們為未來儲備知識、技能及社會經驗，並鼓勵他們助人自助及貢獻社會。

不知道香港的家長們是否注意到，學生們的書包裡除了課本，還塞滿了看不見的焦慮？香港中學文憑試（DSE）像一道無形高牆，壓得八成考生喘不過氣。最讓人心疼的是，基層家庭的考生對升讀大學的信心相對其他考生低近兩成，這不是因為他們不夠努力，而是教育資源的落差劃分了未來。當名校生在私人補習班搶佔名額時，許多基層學生只能對著艱深的課業獨自苦惱。

AI 教育革命：從資源稀缺到普惠共享

直到 2025 年，生成式 AI 如颶風般席捲全球，這股科技力量讓我們看見了曙光。比爾．蓋茨曾預言「AI 將徹底改變教育體系」，如今這預言正成為現實——生成式 AI 以驚人速度滲透教育領域，將優質資源的邊際成本壓縮至近乎零。對於長期受困於資源分配不均的基層學生而言，這場變革正在為他們打開通向教育公平的大門。在傳統教育模式中，優質師資與個性化指導是稀缺資源。根據經濟合作暨發展組織（OECD）調查，發達國家與發展中國家的師生比差距達 3.7 倍，這種結構性的困境在生成式 AI 時代迎來轉機。

想像一下在不久的將來，深水埗劏房裡的學生握著手機，即可獲得二十四小時在線的 AI 解題導師。數學公式被轉化為動畫的生活案例，英文作文從語法糾正到修辭建議逐步升級，系統更自動分析個人弱項，每週推送量身定制的練習題。這些過去需花費數千元補習費的資源，如今將會如自來水般流入每個家庭。這場變革的深層意義在於，AI 不僅改變學習方式，更重新定義「起跑線」——關鍵不再是先天資源的多寡，而是能否掌握科技拓展可能性的能力。

模擬文憑考試的運作架構與數位革新

從十年前開始，「青年新世界」免費為基層學生提供模擬文憑試，用像真的模擬試來讓學生提前熟悉正式考試流程和應試體驗。這些年已經幫助過萬學生減輕應試壓力，卻始終面臨兩道難關：一、義務性質的服務難以持久；二、傳統教學模式因地域和其他原因而無法觸及每個需要的角落。

我們準備一場模擬文憑試的整個流程，光是擬題階段就已長達三至六個月，需要由資深教師們經多重審核以確保內容精準性。此階段涉及大量專業判斷與協作，現階段仍難以全面數位化。傳統上需要極多資深教師進行人工批改，需耗時數週方能完成全部評卷。

有見及此，今年起我們在部分卷別開始試行採用「真人+AI」雙軌評核模式，在中文科與英文科卷二寫作導入的 AI 評卷系統，經實測驗證已達高度實用性——不僅與真人評分差異控制在五分內的吻合度達九成，更能自動生成針對「論證邏輯薄弱」或「敘事結構鬆散」等細節問題的診斷評語。此技術大幅壓縮評改時間，單份試卷處理效率提升極多，同時將評核成本降至傳統模式的兩倍多，顯著緩解評卷時的師資壓力。

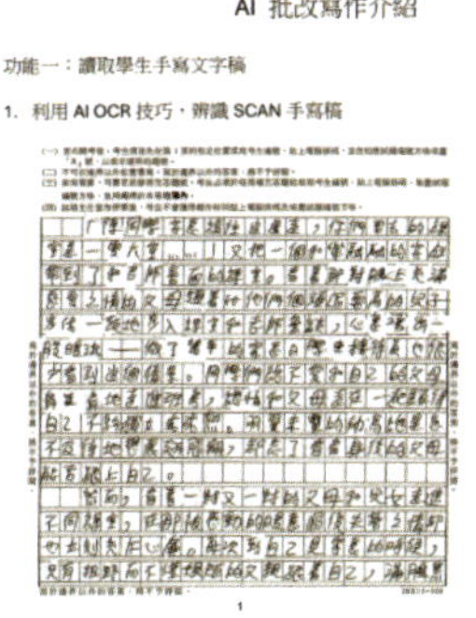
AI 批改寫作介紹

功能一：讀取學生手寫文字稿

1. 利用 AI OCR 技巧，辨識 SCAN 手寫稿

功能二：修改學生的文字，改寫病句，不當用字，更能替換準確用字等，提升學生的文字句用，POE「用字文風改寫」網頁版示範：

https://poe.com/chat/iyt13pi88pb2jwhcdl

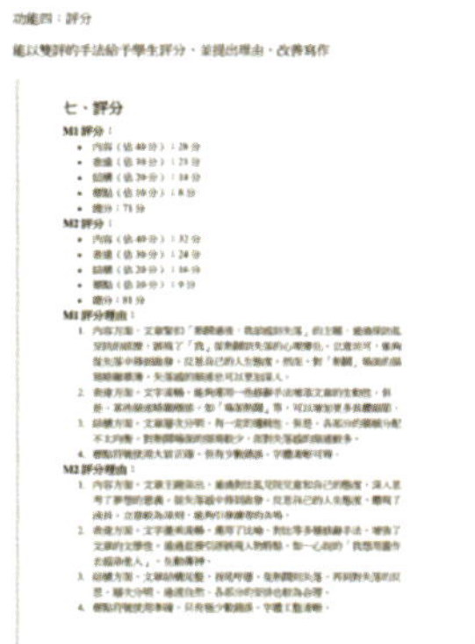
功能四：評分

能以雙評的手法給予學生評分，並提出理由，改善寫作

七、評分

M1 評分：

M2 評分：

M1 評分理由：

以上為中國語文科寫作卷的 AI 批改示例。這是生成式 AI 開源下，更多的軟件接入 AI 後有更多工具來讀取學生手寫文字稿，辨識手寫稿能辨識潦草、繁簡、刪除、插入新的文字等，並輸出成為繁體字，準確度達九成，而字體清晰的話準確度更達百分之九十五

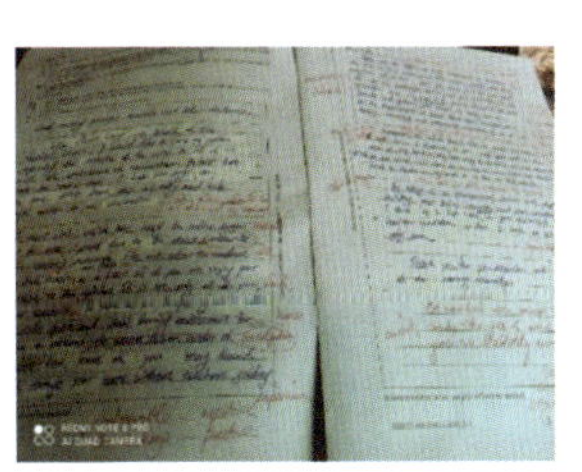

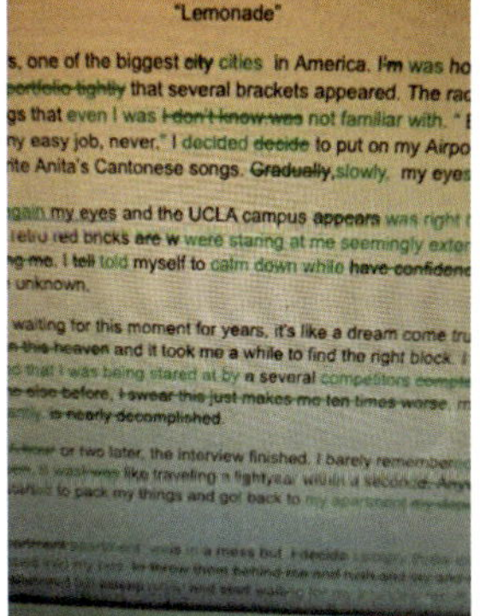

以上為英國語文科寫作批改，當時在生成式 AI 普及之前的階段，OCR 的認字率不足六成，需要非常多的人手介入調整修訂內容。現今在使用 AI 後與真人評分的差異控制在非常接近的間距

而我們團隊正在研究運用生成式 AI 處理技術，為考生推送相似題型進行訓練。特別值得注意的是，AI 生成的個性化題庫搭配即時反饋機制，協助基層學生提升核心科目及格率，展現數位工具促進教育公平的潛力。從成本效益到教學精準度，AI 技術正逐步重塑傳統教育評核的邊界，為大規模個性化學習開闢新路徑。

正在備戰 DSE 的同學們，請記住這個時代最珍貴的禮物：AI 正在改寫「起跑線」的定義。當演算法能為每個人設計專屬的學習路徑，真正重要的是你有願意嘗試的勇氣。教育平等從來不是讓所有人都站在同一條線上，而是讓每個人都能走出自己的成長軌跡。

資訊科技浪潮下的基層困境與挑戰

儘管生成式 AI 展現革命性潛能，先天處於資訊弱勢的學生群體仍深陷多重結構性困境。技術門檻首當其衝，形成一道無形屏障——缺乏穩定網路設備的家庭，常被迫在購置學習終端與維繫基本生計間痛苦抉擇。這種資源匱乏不僅體現在硬體差距，更延伸至軟體能力的斷層：從未接受系統性數位素養培育的學生，既可能在虛擬教室中迷失於複雜的平台操作，更因難以掌握與 AI 的互動邏輯而陷入學習僵局，即便家長有心協助也往往無從下手。家庭支援的系統性缺失更雪上加霜，劏房的居住環境難以提供獨立學習空間，基層家長既缺乏排除技術故障的能力，又須獨力承擔數據流量與設備維護等隱性成本。

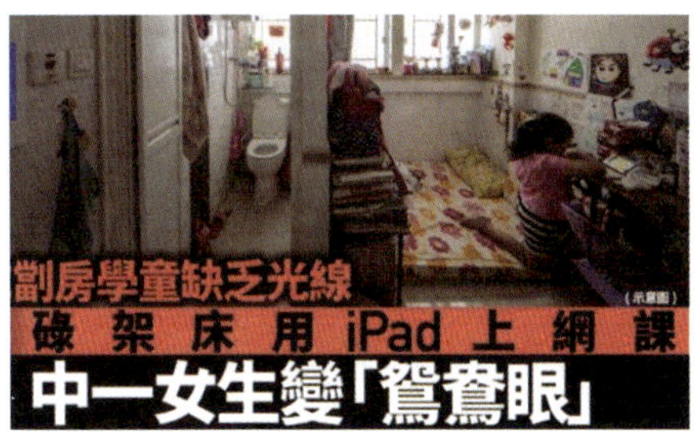

疫情催化下的教育不平等現已演變為深層裂痕：雙職工家庭因工作時長限制，難以協助子女突破技術壁壘；劏房居住者更因空間限制，連基本學習環境都難以維繫。後疫情時代的多項研究顯示，小學至初中階段學生的線上學習動機的維持是存在著結構性的矛盾——虛擬界面持續弱化學習專注力，缺乏真人教師的情感連結，使 AI 反饋更易流於機械式應答。當演算法基於大數據推送「個性化」練習時，資源優渥者得以形成正向增強循環，弱勢學生卻可能被困在「低成就——低挑戰」的惡性循環，無形中複製著階級鴻溝。這些現實警示我們：科技普及必須配套包容性設計，才能真正避免數位鴻溝的代際傳遞。

AI 科技不是要取代人類教師

AI 平台除了可作為查詢工具外，更需發展為思維訓練場域——家長每日撥出十五分鐘進行親子共學，實質是掌握「以 AI 之道還治 AI 之身」的慎思明辨能力。鑒於 AI 生成的資訊真偽雜陳，培育資訊辨識能力應成為新時代的核心素養，這需要家校協同構建數位時代的信息甄別體系。

AI搜尋的研究

錯誤率普遍超過六成
Grok錯到誇張九成四
Perplexity相對穩定
AI常造假連結來源
研究證實亂講非偶然

AI Search Has A Citation Problem

We Compared Eight AI Search Engines. They're All Bad at Citing News.

MARCH 6, 2025
by KLAUDIA JAŹWIŃSKA AND AISVARYA CHANDRASEKAR

Image: The rack of a broken monitor or TV is the texture of a television screen, background for superimposing with the effect of grain noise, Александр Резов. Adobe Stock 1050902471

Sign up for **The Media Today**, *CJR's daily*

教育工作者正經歷角色升維——從知識傳授者轉型為學習引導者，專注於機器難以複製的情感連結與創造激發。這種轉型驗證了 OECD 的前瞻判斷：未來教育將呈現「人機協同」新形態，智能技術與人性關懷深度融合。在經濟低迷的當下香港社會，當政府與商界教育的投入持續收縮，生成式 AI 恰恰提供破局可能——能以極低的邊際成本實現個性化輔導，為基層學子開啟新的發展窗口。

在此背景下，全社會更應積極推動生成式 AI 在教育領域的深度應用。政府未來可制定專項計劃，鼓勵社福機構參與 AI 教育平台的建設，例如開發適合基層家庭網絡條件的輕量化學習系統，或設計離線可用的 AI 輔助學習工具。同時，也可考慮「AI 教育券」制度，讓基層學生自選認證機構所提供的服務，避免資源錯配。

要實現真正的教育公平，需構建「三位一體」的支持網絡：政府提供基礎設施與監管，企業開發普及型 AI 教育工具，社福機構（NGO）補足關鍵的服務需求。當生成式 AI 成為擴大公平教育機會的支點，這場變革的目標，是讓每個孩子都擁有超越起跑線的成長。願意擁抱並作出改變的人，永遠不會落後。

人工智能
應用於學生思辨教育

張介聰
香港註冊教師　資深辯論員

作者簡介

張介聰先生為香港浸會大學中文辯論隊前辯員，曾獲大專基本法盃冠軍、自由盃冠軍、菁英盃冠軍、九龍盃冠軍以及大專盃亞軍，亦曾帶領不同學校獲星島辯論賽、聯校中文辯論比賽、香港辯論超級聯賽甲組等大型賽事冠軍，現為多間中小學中文科校本支援顧問及思辯培訓導師，同時亦是協康會等教育機構的教材編撰作者。

引言

「工欲善其事，必先利其器。」隨著人工智能（AI）技術的突飛猛進，其在辯論領域的應用已滲透至備戰的各個層面。AI 不僅能協助辯手集思廣益、查漏補缺、建議論點、輸送資料，更能模擬對辯、紙上行兵。然而，物有所長亦有其短，AI 在情緒感知、創造能力等方面畢竟缺乏靈動之氣。本文將探討 AI 在辯論備戰中的強弱機危以見利弊，並進一步分析其在辯論教育中的潛在應用、發展方向。

人工智能備戰辯論的強項

論點準備：多角度思考，全面性優於人類

「不謀全局者，不足謀一域。」AI 在論點構建上的最大優勢，在於其不具任何先入為主的主觀偏好，更能「旁徵博引」，避免人類必有的思維盲區，故能在頃刻之間，就我們所探問的辯題交出正反雙方各五六七項涵蓋不同範疇的論點，有助我們作進一步的篩選取捨。此外，人工智能作為演算工具，其基礎——即邏輯因果條件推理，能根據不同的立場生成合理而現實的不同論點並作推論。

論據支持：強大的資訊處理與資料搜集能力

「博觀約取，厚積薄發。」AI 能瞬息千里地遊走於無形的全球數據庫，彈指之間擷取並整理大量數據，提供精確的統計資料、學術研究或歷史案例作為論據。例如，在辯題「社交媒體利大於弊」中，AI 可即時提供「全球社交媒體使用時長與心理健康關聯性的最新研究」、「各國假新聞傳播

速度的對比數據」等等，上述資料若由你我搜集，雖不至於大海撈針，但斷不可能如 AI 般探囊取物。由此觀之，AI 能大幅提升備戰效率。

論辯訓練：模擬辯論對答，強化臨場反應

「知己知彼，百戰不殆。」AI 可模擬對手進行反覆練習，幫助辯論員適應不同辯風、回應不同內容。例如，在「死刑應全面廢除」的辯題中，AI 能模擬不同主張，或抱功利主義強調威懾效果，或採人權導向聚焦冤案風險，或持實用主義討論司法成本，真正實現「對影成三人」，與辯論員唇來舌往，格格訊息密密答問，協助辯員虛擬實戰，有此全天候的高質陪練，可謂辯員之福。

人工智能備戰辯論的弱項

缺乏情感：難以觸動人心的論述

「感人心者，莫先乎情。」辯論不僅須說之以理、邏輯交鋒，亦需動之以情、同理共鳴。例如，在「安樂死應合法化」的辯題中，人類辯手可透過病患親身經歷的故事以情動人，明瞭如何表達、表達甚麼，方能與評判觀眾的同理心遙相共鳴，而 AI 欠缺真正情感，生成的論述始終難以切中關鍵，難有共鳴。

缺乏創造力：難以突破框架思考

「拘方守隅，不足以言大。」AI 的論點多基於現有數據，較難提出顛覆性見解。例如，在本港基本法盃小學辯論賽中探討「人工智能有助小學生學習」的辯題中，反方論點之一為 AI「過於形式化，侷限學習成果」，指 AI 所答往往為主流觀念，例如回答「美麗景色」時往往只答出「青山綠水藍天白雲」，而不會主動提出「風雷雨暴」等等少數個別人覺得美麗的「創見」。拾人牙慧、鸚鵡學舌，重複既有框架下的討論，難免是 AI 的思想桎梏。

缺乏重心焦點：時有冗句，需作精修。

「處處落子，則難字字珠機。」AI 回答問題，往往就該問題作答，有板有眼，而未必如你我般心中有數，對準真正所需。於此直接以上述辯例呈現，若在「人工智能有助小學生學習」這一辯題中拋出正方論點「可有效培養小學生的提問及思考能力」而讓 AI 擬出論證段落，結果如下：

「第一、AI 可以有效培養小學生的提問及思考能力。在學習過程中，學生經常會遇到各種問題，AI 能即時回答他們的疑問，鼓勵他們深入思考。例如，在科學課上，學生學習光的反射時，可能會問『為甚麼鏡子能夠反射光？』AI 可以提供清晰的解釋，幫助學生理解反射的原理，並引導他們進一步思考光的性質和應用。這種互動不僅增強了學生的思維能力，還促使他們自主提出更多問題，從而培養慎思明辨思維和探索精神。」

惟須刪須加，方能真正論證出 AI 有別於日常課堂上教師的功用：

「第一、~~AI 可以有效~~培養~~小學生的~~提問及思考能力。在學習過程中，不同學生經常會遇到不同問題，教師於課堂上難以分身逐一解答，但 AI 能即時回答疑問~~，鼓勵他們深入思考~~。例如，在科學課上，學生學習光的反射時，可能會問『為甚麼鏡子能夠反射光？』亦有同學可能想問『甚麼是光』、『反射會影響光速嗎』、『反射光能看到嗎』，課內課外的知識，AI 都可以提供清晰的解釋，幫助學生理解反射的原理，並有延伸建議問題，引導他們進一步思考。~~這種互動不僅增強了學生的思維能力，還促使他們自主提出更多問題，從而培養批判性思維和探索精神。~~

人機協作．未來方向

當然，人工智能可不只用於辯論備戰，亦可運用於恆常辯論教育課程之中。可以授人以魚，亦能授人以漁。例如自動化辯論評析，以 AI 明察秋毫之力，指出學生在辯論中的邏輯漏洞，提供改進建議；又例如議題資料庫的建構，學生教師均可利用 AI 整理歷年辯題，建立資源庫。

「君子善假於物。」AI 的優勢在於「迅捷精準」地完成人類本可做到的事，如資料分析、模擬訓練，而人類則應專注於 AI 難以企及的部分，如情感表達、創造性思維，則能駢行並進，讓 AI 成為辯手的智慧副手，而非取而代之。如此，辯論既能兼備情理，又能借助科技更上一層樓。

在 AI 年代，我們還須要學習數學嗎？

張志強
聖方濟各大學任白慈善基金
電子計算及訊息科學院講師

作者簡介

張志強博士，現任聖方濟各大學任白慈善基金電子計算及訊息科學院講師，教授 IT 通識、電腦程式語言、數學思維以及 STEM 等科目，著重培養學生的邏輯思維和創意。畢業於英國克蘭菲爾德大學（Cranfield University）。早年擔任電子產品、健康產品的研發工作，及後轉職擔任 STEM 導師以及 STEM 導師的培訓工作。

引言

經常有學生問我，我們為何要學那麼多和那麼艱深的數學，我們將來真的會用到嗎？他們當中有些還是數學科尖子。誠言，除非你從事科研或工程工作，sin、cos 和 tan 在日常生活中的確是沒有甚麼實質用途。對大多數學生而言，小學程度再加上一些初中程度的數學已經足以應付日常生活，中學的課程極其量只是用來應付校內考試、公開考試以及升讀大學。加上處於現在的 AI 世代，AI 的強大功能已經可以解決幾乎所有中學程度的數學難題，那麼我們為甚麼仍然要花如此多力氣，甚至在屢敗屢戰的情況下學習數學，這豈不是在虛耗光陰？如果學習數學真的沒有價值，為甚麼世界各國的中學都要求學生不管將來會選修甚麼科，都要學習數學，直到升讀大學。

現代教育大致上可分為兩個階段，第一個階段是基礎教育，教育目標主要是培養語文理解、溝通能力、一般常識、思考能力、分析能力、解難能力和學習能力等等。第二個階段是職業訓練，學生升讀大學時大多數已經對將來的職業有所計劃和安排。在這階段，學生會專注於學習與將來有關的專業知識以及一些相關的學習方法。理想的大學教育應該可以培養學生的思考能力和自學能力。在這個瞬息萬變的年代，工作的性質不斷改變，在大學時代學到的專業知識在將來未必一定有用，但思考能力卻適用於不同領域和年代。想想有一天，如果你的專業消失了，你能輕鬆地轉型嗎？

學習數學的好處

學習數學可以培養我們的思考、分析和解決問題的能力，訓練邏輯思維能力，學會提出合理的假設，建構邏輯連接幫助我們推理出正確的結論。這種關鍵思維能力在各個領域都非常有用，例如科學、工程、商業和日常生活中的問題解決。

學習數學涉及到抽象的概念和符號運用，能培養我們的抽象思維能力。通過理解和應用抽象概念我們可以更好地處理複雜的問題，並從中獲得新的見解和洞察力。

學習數學，可以培養我們觀察現象、收集和分析數據的能力。這種能力在統計學、金融學、市場研究和決策分析等領域中都非常重要。

另外，亦可以提升我們的溝通和表達能力。在解釋數學概念和解決問題的過程中我們需要用清晰正確的語言和符號表達自己的思想，這種溝通能力在學術和職業生涯中都非常重要。

數學問題有時可能很複雜和困難，需要耐心和毅力才能解決。通過克服數學困難我們可以培養良好的學習態度和堅持不懈的精神，在面對其他的挑戰時也能保持積極的態度。

更可以培養我們有嚴謹的態度，追求精確，不再成為「差不多先生」，認真處理好每一件事情。

數學是許多科學和技術領域的基礎。物理學、工程學、計算機科學、經濟學、地理學、社會科學、歷史以及幾乎所有領域都需要數學作為工具和方法。學習數學可以為我們在這些領域中的學習和工作提供堅實的基礎，提升就業競爭力。

以下讓我用三個簡單的例題説明數學思維的重要性：

例題一

請計算由 1 開始至第 n 個奇數之和。當然這題目難不到讀過高中的學生，你可能馬上會想到等差數列的公式。有沒有更簡單直接的方法呢？如果我們將數子用點來表示，重新將它們如下圖排列，第一堆圓點表示 1，第二堆圓點表示 1+3，第三堆圓點表示 1+3+5，第四堆圓點表示 1+3+5+7，如此類推，你會發現它們是正方形數，由 1 開始至第 n 個奇數之和就是 n 的平方。用這種方法去解決這一道數學題，我相信小學生也能解決，不是很巧妙嗎？

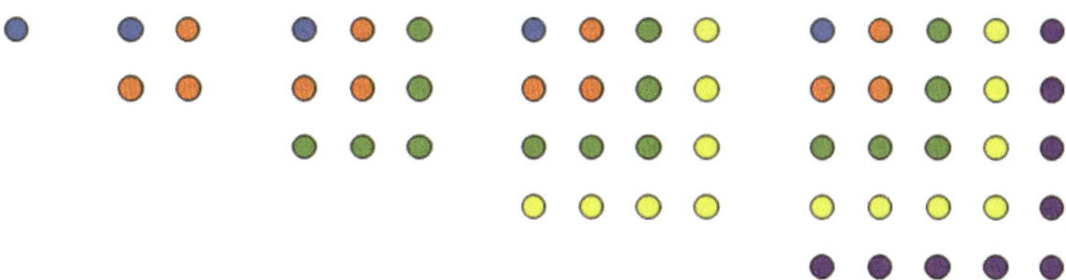

例題二

再看看另一道題目，下圖有三塊正方形的巧克力，它們的厚度全是一樣的，你可以拿藍色最大的那一塊或者綠色和橙色的那兩塊。

假設你想多吃一些巧克力，你會怎樣估量藍色巧克力的面積大一些，還是其餘兩塊巧克力的總面積大一些？當然你不可以用秤去比較，更不可用刀子分割巧克力再去比較。有簡單的方法嗎？如果我們將那三塊巧克力如下圖排列，用較小的兩塊排一個直角三角形，然後將最大的那一塊巧克力斜靠在直角三角形的斜邊上，你會發現藍色巧克力的邊長比直角三角形的斜邊長一些。根據畢氏定理（勾股定理），直角三角形的兩條直邊平方的和等於斜邊平方。因此從圖上可知藍色巧克力的面積比綠色巧克力和橙色巧克力的面積總和還要大。

例題三

以上兩個例子都是跟幾何有關的，幾何正正是 AI 在解決數學題時比較弱的一部分。如果你要使用 AI 解決幾何題目的時候，你必須要適當的引導和提示詞，而這當中你需要有足夠的幾何基礎知識。我們再看下圖另一道幾何題目。計算圖中三角形的面積，圖中只説到長

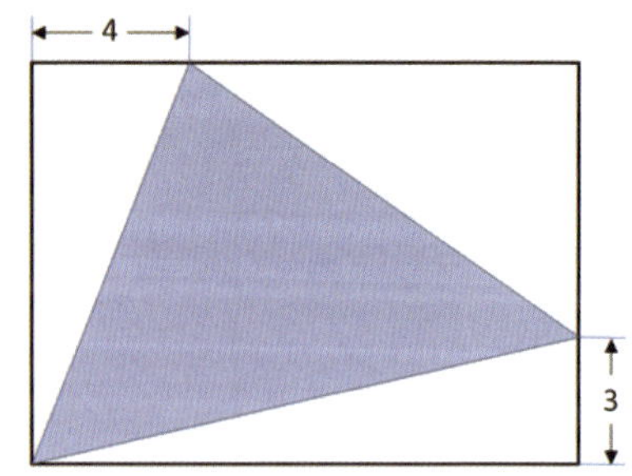

方形的面積是 100 平方單位，並沒有説明長度和闊度，即長度和闊度有無限個組合。

我們先看看一般學生怎樣解這道題，他們大多數都用代數的方法計算，這當中使用到初中的數學技巧：

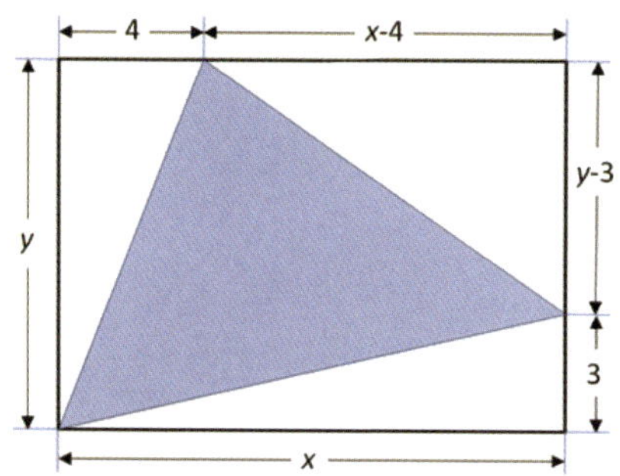

Area

$= xy - 4y \times 0.5 - (x-4)(y-3) \times 0.5 - 3x \times 0.5$

$= xy - 2y - (xy - 4y - 3x + 12) \times 0.5 - 1.5x$

$= xy - 2y - 0.5xy + 2y + 1.5x - 6 - 1.5x$

$= 0.5xy - 6$

$= 0.5 \times 100 - 6$

$= 44$

我把這道題目，用攝影機拍照，兩次輸入 AI 平台內解決題目，第一次我沒有輸入特別的提示詞。得出的結果如下：

- AI 強行將長方形的長度和闊度定為 10。
- 將三角形的三隻角用平面座標表示為

  （x1, y1）＝（0, 0）

  （x2, y2）＝（4, 10）

  （x3, y3）＝（10, 3）
- 將三隻角投影到 x 軸，用梯形面積計算方法計算，數式如下，詳情不在此處贅述。

  Area

  ＝（1/2）× |x1（y2 — y3）+ x2（y3 — y1）+ x3（y1 — y2）|

  ＝（1/2）× |0（10 — 3）+ 4（3 — 0）+ 10（0 — 10）|

  ＝（1/2）× |0 + 12 — 100| ＝（1/2）× |—88|

  ＝ 44
- 最後計算出三角形的面積是 44 平方單位。

答案是正確的，但解題過程違規，AI 作出了不一定正確的假設。

第二次我輸入使用幾何方法的提示詞。得出的結果如下：

- AI 仍然強行將長方形的長度和闊度定為 10。
- 將三角形的三隻角用平面座標表示為

  $(x1, y1) = (0, 0)$

  $(x2, y2) = (4, 10)$

  $(x3, y3) = (10, 3)$
- AI 用 Shoelace formula（測量員公式）計算，數式如下，詳情不在此處贅述。

  Area

  $= 1/2 \times |x1y2 + x2y3 + x3y1 - (y1x2 + y2x3 + y3x1)|$

  $= 1/2 \times |0 \times 10 + 4 \times 3 + 10 \times 0 - (0 \times 4 + 10 \times 10 + 3 \times 0)|$

  $= 1/2 \times |0 + 12 + 0 - (0 + 100 + 0)|$

  $= 1/2 \times |-88| = 44$
- 最後同樣計算出三角形的面積是 44 平方單位。

答案是正確的，但解題過程仍然違規，AI 作出了不一定正確的假設。

我在課堂內給學生的答案是這樣的：

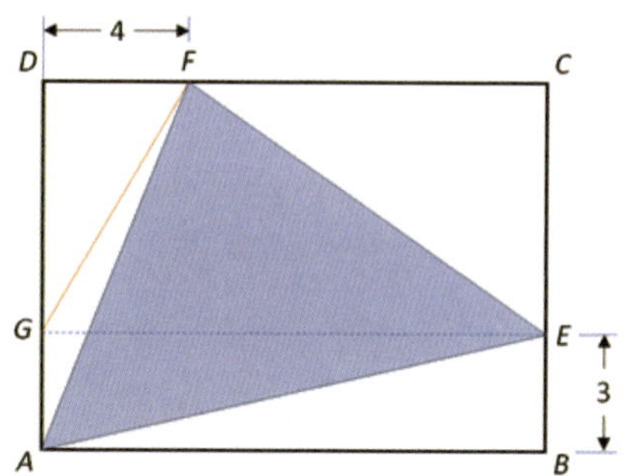

AEF = AEFG — AFG

AEG = ABEG × 0.5

GEF = GECD × 0.5

AEFG = （ABEG + GECD） × 0.5

AEFG = 100 × 0.5 = 50

AFG = 3 × 4 × 0.5 = 6

AEF = 50 — 6 = 44

學生在高小的時候已經掌握三角形面積公式，所以用這個方法就可以簡單地解決了這道數學題。到目前為止，AI 還未能給出這一個答案。數學思維在於用最簡單、直接、有效的方法去解決難題。

如果我們完全依靠 AI 解題，我們真的能看得懂它提供的答案嗎？測量員公式（Surveyor's formula）一般不包括在中學的課程內，學生如何能理解呢？

總結

一旦沒有人工智能的協助，我們還可以解決難題嗎？你能確定人工智能給出的答案是絕對正確是最佳的解答嗎？人工智能可以按照不同的提示詞提供不同的正確解題步驟和答案，但是如果我們沒有足夠的數學知識，我們可以輸入適切的提示詞嗎？人工智能給出的答案和步驟我們真的能完全明白嗎？如果我們看不懂，我們未必有能力判斷答案是否正確。這是使用人工智能的風險！到目前為止，人工智能科技不能百分之一百解釋怎樣得出所有答案。雖然人工智能大部時間都可以提供正確答案，但凡事總有例外，所以使用時要格外謹慎。如果我們使用人工智能協助我們學習和工作，我們必須對該課題有足夠的認識，有需要時，我們可以多參考其他人工智能工具，互相比較，再整合答案。

其實現在的數學家都會使用人工智能進行大量的數學運算，因為數學家進行大量的運算工作也會感到疲倦，容易出錯。這些複雜的數學運算，是研究數學的必須過程，數學家主導了研究的方向，然後再將大量的運算工作交給 AI，數學家再檢視結果。

在科學研究之中，很多突破都是來自突如其來的靈感，這些並不是人工智能可以提供的。靈感就是一種全新的想法，而目前的人工智能主要依靠在已經學習了的知識之中找尋答案，所以在完全創新方面仍然不及人類，例如一些很艱深的數學理論和世紀難題，還未有被人工智能攻克。

最後在此祝願各位同學能好好學習數學，培養好數學思維，增強邏輯思維和解決問題的能力，發現數學的趣味和美。當你建立了厚實的數學基礎，人工智能便能成為你有力的數學工具。但請謹記現時的公開考試是不准使用人工智能工具的。

從生成式人工智能
驅動的區塊鏈管理與去中心化協作於教學層面的應用

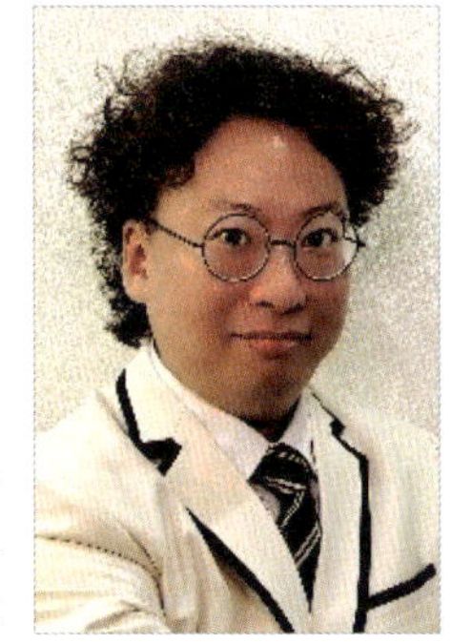

黃衡哲
香港資訊科技學院高級項目主任
互聯網專業協會副會長

作者簡介

黃衡哲先生是一位擁有超過十年高等教育經驗的專業講師，在大專院校的教學與學生計劃指導方面成績斐然。目前，黃先生在香港資訊科技學院擔任高級項目主任職務。近年來，他的研究重點在於未來系統開發標準及現實與數位時空交疊的哲學問題，並積極參與多個科技創新專案的顧問工作，提供專業建議。

身為被譽為技能界奧運的世界技能競賽中資訊科技商業軟體方案（現更名為軟件應用開發）的首席專家，黃先生致力於培養代表香港參賽的選手。此外，黃先生也熱心於社會服務工作，積極推廣資訊科技的應用，並努力使 IT 技術更廣泛地融入日常生活之中。

自 2008 年起，黃先生一直鼓勵並支持資訊科技專業的學生參與各類競賽，以促進他們之間的交流與學習。現時他亦是香港互聯網專業協會副會長，積極推動網路的普及化、學科技術的應用以及新興科技教育的發展。

從 2010 年開始，黃先生還擔任了多項比賽的評委，並為不同地域的學生提供了寶貴的建議，助力新一代在資訊科技界創造更多成就。

生成式 AI 與區塊鏈技術的融合，正在顛覆傳統的教育模式，推動個性化學習、去中心化治理與跨學科協作的革新。然而，這兩項技術的應用也伴隨著深刻的倫理爭議——從算法偏見到數據隱私，從版權爭議到教師角色的轉型。本文將探討生成式 AI 與區塊鏈在教育中的實踐案例，分析其倫理挑戰，並提出跨學科協作的解決框架。

高效率的學習離不開合理的課程設計和科學的學習評估。課程是知識傳遞的載體，而學習評量則是檢驗學習效果的重要手段。一個好的學習體系必須包括課程設計、學習筆記、練習策略、測驗安排以及評分標準等多個環節，每個環節都需要精心設計和實施。

課程設計：建構系統的知識框架

課程設計的第一步是確立學習目標，並將這些目標分解為短期、中期和長期的階段性目標。例如，在學習新課程時，可以將其分為預習階段、強化鞏固階段和複習階段，每個階段都有明確的學習任務。

在課程內容安排上，要遵循由淺入深、由簡單到複雜的原則。每一堂課的內容都應基於前一節的學習成果，並為後一節的內容做鋪墊。課程設計應考慮學生的認知規律和學習特點，確保知識體系的系統性和邏輯性。

透過科學合理的課程設計，可以引導學生逐步建立系統的知識框架，並在腦海中形成完整的知識圖像。

以設計一個程式設計學科為例（見下圖），於生成式AI 提供課程要求及學生背景，人工智能就會寫出課程大綱出來，但要留意一點，人工智能生成的生成內容用詞比較簡約，未必可以做到用指定的「動詞」表達到學生學習成果的能力程度。課程設計者可能要反覆地修正內容，從而可以設計一個合適的課程。

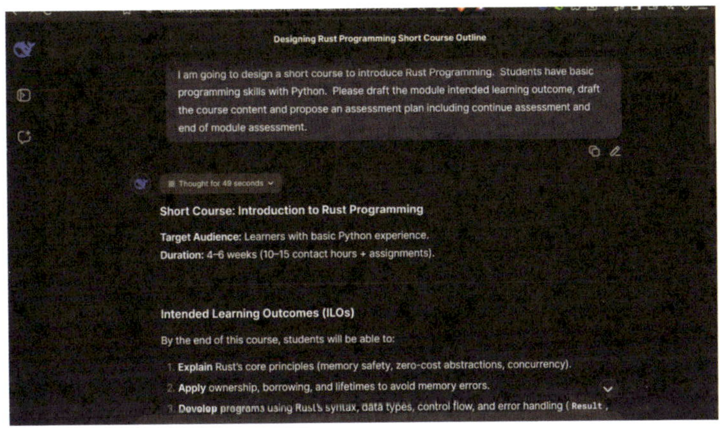

利用生成式 AI 生成課程大綱

測驗的時間安排也要注意合理性，避免考試壓力過大。可以通過分階段的方式進行測驗，讓學生在複習和鞏固的基礎上逐步檢驗自己的學習效果。

如何設計課程專案的作業，並有效批改學生作品

設計一個課程專案作業並有效批改學生作品是一個有系統而複雜的過程，需要詳細的規劃和協調。以下是我的設計方案：

利用人工智能生成學生專案需求

基於教學目標、圍繞學生掌握核心知識、技能或能力。例如：透過課程專案作業，使學生能夠應用課堂上學到的理論知識來解決實際問題。有關內容可以輸入到人工智能平台，並具體地將專案主題的設計要求、時間等表達專案任務分解。生成的內容除了有給予學生的指示外，亦包括詳細的評分標準，確保批改工作的公平性和一致性，可以製定一套詳細且具體的評分標準。

批改學生的作業

由於生成式 AI 具備自然語言處理技術，透過機器學習模型，輔以提供評估要求，於學生的寫作結構、邏輯清晰度

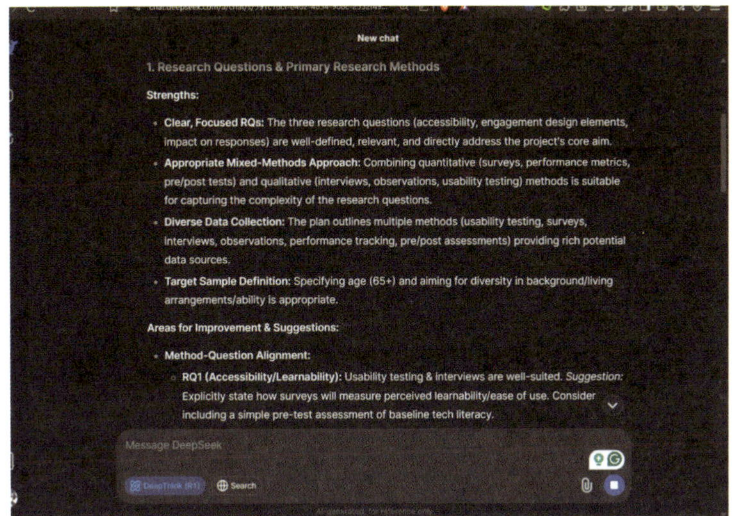

提供批改學生作業的方法

以及對課程主題的理解程度。教師只要上載學生的作品到人工智能平台，就可以自動化評分並給予具體的回饋，如語法錯誤、術語使用不當等。這種自動化評分減少了教師的工作量，同時提高了評分的一致性。

因為人工智能能夠辨識報告中的關鍵術語、數據點和主要論點。透過比較這些關鍵要素的分佈情況，判斷學生的分析深度和廣度。而對於大量重複性的作業批改，AI 可以快速完成，並提供初步評估結果。教師可以專注於評分結果及回饋是否符合標準，節省了大量時間。而教師發現過多偏差的評分，可以根據學習目標調整評分標準；人工智能則能夠即時修正並再次評分，並在必要時提醒教師注意影響評分的關

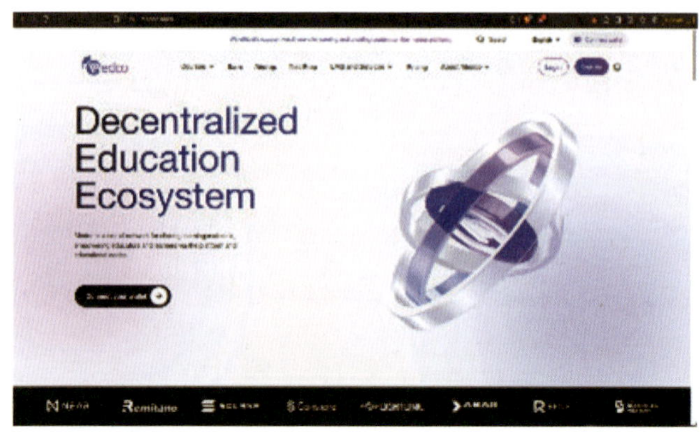

去中心化教育平台 Edoo

鍵點。整個過程就好像多了一個助教，協助批改學生作業。

區塊鏈平台（例如 Edoo）與生成式 AI 結合，可以為教育提供一種高效、安全且個人化的管理模式。以下是如何利用此技術來管理和監督課程設計及學生學習進度的具體方法。因為區塊鏈可以透過分散式帳本技術，記錄所有學習資料和操作（如提交作業、參與討論等），確保資訊的完整性和不可篡改性。而 Edoo 提供課程管理功能，支援教師佈置任務、學生提交作品，並結合生成式 AI 進行個人分析——利用區塊鏈記錄課程主題、時間安排和學習目標；每項學習活動（如錄影、閱讀材料發佈）都會被記錄在區塊鏈上。在課程設計中融入 ChatGPT 這類生成式 AI 協助教師撰寫教學內容或產生個人化的學習建議。同時，生成式人工智能也可以作出動態評估與回饋，根據學生的即時表現（如提交品質、參與度等），提供個人化的評價與建議。

因為區塊鏈的安全性確保所有學習資料無法被篡改或外洩，在處理敏感資料時，生成式 AI 可以提供分析支持，而不會直接接觸學生的個人資訊；更可以透過平台作出長期學習軌跡，運用區塊鏈追蹤學生的長期學習進展，識別哪些學生需要額外輔導或挑戰。

總結

透過將區塊鏈平台與生成式 AI 結合，可以實現對課程設計和學生學習進度的全面管理。這種模式不僅提高了教學效率，也確保了資料的安全性和學生的個人化學習體驗。

善用生成式 AI
提升設計創意藝術

李煥明博士
香港創科發展協會主席

作者簡介

服務科技創新界超過二十年，現任職網絡科技公司香港及澳門總經理，亦為流行音樂作曲家及監製。取得電子及電腦工程學士、工商管理碩士及工商管理博士，工餘服務多個專業學會及諮詢委員會，現任香港創科發展協會主席。

生成式 AI 的奇妙冒險：科技與藝術的跨界新世界

「爸媽，我的畫作有五百個版本了！」孩子一邊按著手上的平板電腦，一邊興奮地說。家長一臉疑惑：「五百個？

你甚麼時候畫的？」孩子神秘地笑了笑，「這是我和 AI 一起完成的！」

這或許是未來香港家庭中的一個日常場景。人工智能（AI），尤其是生成式 AI，正在悄悄地改變我們的學習和創作方式，甚至可能改變我們對「未來職業」的想像。

生成式 AI：一位不可思議的創作夥伴

想像一下，你是一位平面設計師，接到一個挑戰：設計一個能代表「未來城市」的海報。靈感枯竭的你，打開一款生成式 AI 工具，只需輸入幾個關鍵詞，AI 就立刻生成一系列充滿未來感的圖像。這些圖像不是從網上直接「拷貝」來的，而是 AI 經過自我學習後，從零開始「畫」出來的。

生成式 AI 就像一位創作的超級助手，能幫你快速試錯並激發靈感，也懂得配色、構圖，甚至能理解某些藝術風格，分析今期流行甚麼設計。這不僅僅是「幫手」，它更像是你的另一個「頭腦」，讓你的創意無限放大。

科技與藝術的火花：從「分界」到「融合」

小時候，我們經常聽到「文科生」和「理科生」的分類，彷彿科技和藝術是兩條平行線，永不相交。但在今天，這條線已經模糊不清。

藝術家用科技創作，工程師用藝術表達，這樣的故事每天都在發生：

- 香港一位動畫導演，利用生成式 AI 迅速生成分鏡草圖，讓劇組能更快進入拍攝階段。若果今天想拍攝雨景的場面，可以快速讓虛擬助手產出在滂沱大雨中跑步的動感畫面，還有在細雨中漫步的浪漫情景，很多靈感便經過「腦震盪」浮現出來。
- 一位音樂人，通過 AI 合成器創作出融合中樂和電子樂的新曲風，震撼了國際音樂節的觀眾。
- 一位建築師，輸入地理數據和設計理念，利用 AI 分析數據，生成了符合環保要求的未來建築方案。或許看到一枝橙味汽水，也可以設計出一棟顏色鮮艷的智慧大廈。

這些例子告訴我們，未來的創作和科技早已不是「二選一」，而是「合二為一」。

學生與家長的未來啟示：AI 為何與你息息相關？

如果你還在讀書，或是身為父母為孩子規劃未來，這裏有個重要訊息：擁抱生成式 AI，不僅能讓你多一項技能，更能為你打開無數條未來的職業道路。

「但 AI 會不會取代人類？」

這是一條經典的問題，也是許多人對 AI 的誤解。答案是：不會。AI 不會取代真正的創意，而是可以幫助人們更高效地創作。就像畫筆無法成為畫家，AI 也無法成為創意的主人。真正的「靈魂」仍然來自於你。

未來的熱門職業有哪些？

生成式 AI 的崛起，正在催生許多新興的跨界職業，例如：

1. 創意科技專家：懂得利用 AI 開發新的娛樂方式，例如沉浸式劇場或互動式遊戲。
2. AI 音樂設計師：用 AI 設計背景音樂，讓電影或遊戲更加動人。
3. 教育遊戲創作者：用 AI 幫助設計寓教於樂的學習工具，讓知識變得更有趣。

你可以怎樣開始？

對於學生來説，學習生成式 AI 並不需要高深的技術背景。你可以這樣開始：

1. 試玩 AI 工具：下載一些免費的生成式 AI 工具，試著創作一幅畫或寫一篇故事。
2. 參與跨學科項目：找幾個對不同領域感興趣的同學，一起嘗試用 AI 完成一個創意項目。例如，設計一個科幻故事並用 AI 生成插圖。

3. 多閱讀與實踐：學習如何與 AI 有效協作，比如輸入更精確的指令，來得到更好的結果。
4. 參加科技比賽：許多學校和社區都有與 AI 相關的創意比賽，這是個展示和提升自己的好機會！

結語：每個人都能成為創造者

無論你是一名學生，還是正在為孩子的未來作計劃的家長，請記住這一點：生成式 AI 是一把鑰匙，能為每個人打開創意的大門。

它不僅降低了創作的門檻，還為那些缺乏美術基礎、音樂技巧，甚至程式設計能力的人提供了無限可能。未來的世界屬於那些敢於夢想並用科技改變世界的人。

現在，比起問「AI 能夠幫我做甚麼？」我們更應該問自己：「與 AI 合作，我可以創造出甚麼奇蹟？」

所以，準備好拿起這把鑰匙，開啟屬於你的創意新世界！

2023 年 8 月，歌手譚嘉荃出席由「香港創科發展協會（HKITDA）」主辦，於數碼港商場舉行之「AI 藝術 x 科技音樂會」，唱出筆者作品，背景的動畫極富美感

歌手鍾雨璇及李健龍亦在「AI 藝術 x 科技音樂會」，合唱出筆者作品，背景的生成式 AI 動畫很有動感

AI 對教育的改變

洪爲民教授、太平紳士

作者簡介

洪爲民教授為斑馬星球加速平台創辦人，海南大學「一帶一路」研究院兼職教授及絲路智谷研究院學術委員會主任。他是資深科技及天使投資人，曾任多家國際科技公司高層管理職務及第十三屆全國人大代表。他現時擔任華人大數據學會執行主席，同時獲世界訊息峰會大獎委員會委任為全球理事會成員。他也同時擔任香港交易所主板上市公司信和酒店（集團）有限公司、Sprocomm Intelligence Ltd.、敘福樓集團有限公司和 K Cash 集團的獨立非執行董事，並為香港黃金交易所顧問。

洪爲民於 2008 年曾獲選為香港十大傑出青年，並在 2016 年獲頒亞洲社會創新領袖獎，2017 年獲選為「文明之光· 2017 中國文化交流年度人物」及 2021 年獲選為領航粵港澳大灣區傑出貢獻領袖。2015 年他被香港特區政府委任為太平紳士。

引言：近年人工智能發展的三個時代

人工智能並不是一個新的事物。但早期的人工智能走的是專家系統（Expert System）的方向，透過基於規則（Rule-based）的編程來教會機器，後來發現這條路走不通。到了發明神經網絡，才走上機器學習的時代，原則上是透過大數據讓機器通過各種學習方法去建立智能。

從機器學習時代，核心是參數學習，模型通過標注數據集訓練優化參數，完成特定任務（比如將文本分類為「中立」、「負面」或「正面」）。這種方法高度依賴人工標注數據和統計優化，屬傳統監督學習的範式。

到了大語言模型時代的關鍵突破在提示詞工程。以 GPT-3 等模型為例，只需設計如「判斷以下文本情感傾向：」這樣的提示詞，模型就能基於預訓練知識直接生成分類結果，大幅降低對標注數據的依賴。

而在現階段的智能體時代，關鍵就是機制工程（Mechanism Engineering），通過試錯、群眾外包等動態方法構建自適應系統。智能體能夠與環境交互，從反饋中持續進化，AI 向具備自主學習和複雜決策能力的通用 AI 系統邁進。

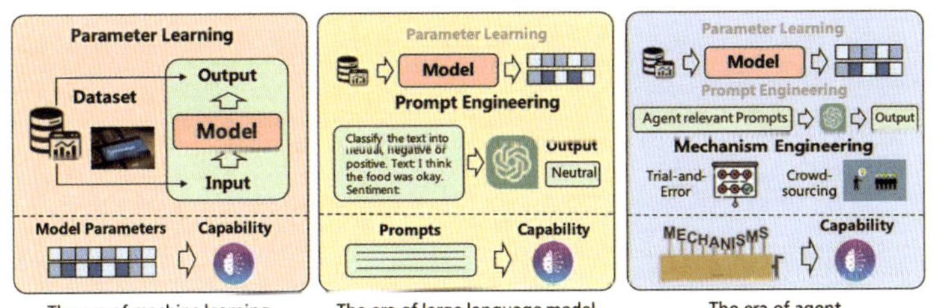

SOURCE: https://medium.com/@shawn.chumbar/pushing-the-boundaries-of-ai-how-autonomous-agents-with-llms-are-shaping-the-future-60782a5105da

因此，人工智能正在從「數據驅動」靜態模型，進化到「知識驅動」提示交互，最終向「行為驅動」的自主智能體的技術躍遷。而這將徹底改變人類交往、交易、生產、消費和投資的模式。這種改變剛剛開始，但是不可逆轉。那麼我們今天的教育模式是否能夠跟上這種改變，是否能夠讓未來的人類適應這種改變。

今天的教育制度和模式，是工業革命後的產物，是按照高度分工、知識為本的方式來培養大量能夠被僱用的人才。但是筆者認為知識已經無關緊要（Knowledge is irrelevant），因為知識隨時可用（Knowledge is on demand）。智能終端能夠根據關聯度隨時提供人類知識庫裡面的任何知識，所以沿用了近三百年的現代教育制度，也必須面臨著翻天覆地的挑戰，必須與時並進。

AI 時代的人才競爭力重構：從執行者到問題定義者

我認為人才可以分為三類：

1. 入門級人才：問題明確，解法唯一，比如回答客戶特定問題。
2. 中級人才：問題明確，方法不唯一，比如給定某個主題寫一篇文章。
3. 高級人才：問題不明確，方法也不唯一，比如「某 LLM（大型語言模型，Large Language Model）接下來應該怎麼做」。

生成式 AI 的出現，會讓入門級人才的職位急劇減少，甚至完全消失；中級人才也會面臨挑戰，最後基本上也會消失。人類競爭力的要從「解決問題」升級到「定義問題」。

人類如何在充滿 AI 智能體的世界中更好地生存？

雖然現在的 AI 智能體已經學會拆解問題，但問題仍然過於鬆散，以本文章為例，筆者曾使用生成式 AI 去進行撮要，效果不甚理想，AI 甚至產生「幻覺」，加入了原文沒有、但可能是大數人看 AI 教育的觀點，效果並不理想。因此，筆者認為人類更需有能夠超越 AI 的決策能力。因此，未來需要的是「縱深的專業能力（Vertical Professional Knowledge）加能應用 AI Agent 補上其他模塊的能力」。

展望未來，一人企業家的公司（Solopreneur）變得更可行，在 AI 協助下，一個人能代替三至四個人的工作，例如我們可以利用生成式 AI 的聊天機械人代替客服、以 AI 生成的圖片代替圖像設計師，透過 AI 代替聘請程式設計員去協助編程、以數字人代替直播帶貨的代言人、開發者可應用 AI 去進行市場及數據分析等等。因此我們更要強調高階決策與溝通能力，人類需要發展超越 AI 的決斷力，能在 AI 提供的發散性方案中快速鎖定最優解的方案，以「決策宣講能力」向持分者清晰解釋邏輯及助力達成共識，成為具「分析 + 說服」的複合型溝通人才，令當前的 AI 難以替代。與此同時，要建立人機協作的 T 型能力結構，發展出「垂直專業 + AI 橫向擴展」的技能組合。未來競爭力公式就是「人類專業深度 ×AI 工具力」的乘積效應，人類必須既積極擁抱 AI 同時又能保持專業獨立，才是未來人才的生存之道。

二十一世紀核心競爭力

當 AI 接管標準化的工作流時，人類競爭力的護城河是「複合型高階認知能力」，意即右腦思維與左腦邏輯的協同，即是當前技術難以模擬的「全腦優勢」、以及模糊邏輯。教育與職業發展要圍繞 4C 模型進行重構：

1. 創造力（Creator）

教育的重點是培育「從 0 到 1」的原創構思能力，比如藝術創作、科學假設，而非 AI 擅長的現有元素重組。創造能夠融合直覺、審美與跨界洞察，突顯人類與機器的不同。

2. 思辨思維（Critical Thinker）

人類要有超越信息處理表層的能力，能對複雜的問題作更深度解構，例如識別數據的偏差、權衡倫理衝突等，這也是目前 AI 在邏輯推演與價值判斷方面的短板。人類的思辨思維是機器暫時未能可以比擬的。

3. 溝通力（Communicator）

溝通力包含跨文化語境下的精準表達，以及非語言信號的解讀，例如肢體語言、情感共鳴等。在日常生活中，商業談判、公關危機處理、糾紛或投訴處理等複雜場景，更需要人類的介入。同時也需要學習與機器溝通的技巧，例如如何命令 AI 智能代理。

4. 協作力（Collaborator）

AI 任務處理是傾向線性的，這是源於撰寫 AI 的算法，也是使用線性思維。然而人類就是擅長在多元團隊中作動態調整角色，例如人類能擔當領導者，比 AI 更適合擔任調解者，人類能建立信任網絡，這是人類社會和機器社會最大的不同。

5. 解決問題（Problem Solving）

典型的解決問題的方法論，包括了：

① 定義問題

② 尋找可能解決方案

③ 衡量方案的利弊

④ 選擇方案並制定執行細則包括如何減少弊端

⑤ 執行方案

其中人工智能能夠協助②、③和⑤，但①和④卻需要人類的介入和決策。

未來的教、育與實踐

因此，在 AI 的教與育年代，知識不再重要。AI 教師能代替實體教師做知識灌輸、重覆練習和評估，而且可以因材施教。但是教師還是需要的。教師更重要的功能，在「育」和「實踐」、在啟發和培育。我認為未來的人才需要的基本技能有以下四點，而其中創意、協同和解決問題的能力，是

技能	教	育	實踐
創意（Creativity）		✓	✓
協同（Collaboration）		✓	✓
與人溝通（Communication with people）	✓		✓
與機器溝通（Communication with machine）	✓		✓
解決問題（Problem Solving）		✓	✓

人工智能在短期之內難以代替甚至可能永遠不能代替的。

總結

人工智能將會徹底改變對未來人才的需求。教育模式必須做出很大的改變才能夠培養出未來就緒（Future Ready）的人才。同時當務之急是要加強開展數字教育，包括：

（一）提升學生的數字素養與技能，讓學生有效並符合

道德地運用數字技術，成為負責任的公民及終身學習者；

（二）加強與數字教育相關的教師專業培訓，推動學校運用創新科技（尤其是人工智能）輔助教學，以鼓勵教學創新，提升學與教效能；

（三）優化數字教育基建的配套，建立智能化的學習環境（包括提供智慧教育平台），讓所有學生享有公平地使用數字技術進行學習的機會，同時促進個性化學習，以及優質資源的共享；及

（四）加強與本地、內地或國際創科機構、專上院校及相關界別聯繫，增強協同效應，推動數字教育往高質量發展。

讓我們放棄慣性思維和路徑依賴，勇敢面對人工智能所構建的美麗新世界（Brave New World）！

生成式 AI 的黑暗面：
法律如何回應新世代科技犯罪挑戰

陳曉峰
全國人大代表
香港特別行政區創科創投基金諮詢委員會主席
跨科技界別律師
中文大學校董

作者簡介

陳曉峰律師（Nick Chan）BBS, MH, JP, 榮譽院士（HKUST）是一位擁有電腦科學背景的律師，也是現任的港區全國人大代表、亞非法協香港區域仲裁中心的主任。陳律師是全球十大律師事務所 Squire Patton Boggs 的合夥人，在四大洲設有四十個辦事處，他負責區域事務，為政府、跨國公司、私募股權 / 創投公司、實業家、科學家和企業家提供涉及人工智能、藝術科技、大數據、智慧數據、網路安全、數據隱私等多個行業和學科的經濟有效的務實法律解決方案。陳律師現任行政長官政策小組成員、法律及爭議解決服務專家諮詢組成員、創科創投基金諮詢委員會主席、創新科技與產業發展委員會成員、通訊事務管理局成員、競爭事務委員會成員以及擔任其他公共任命並在大學法學院董事會任職。

在生成式 AI 浪潮席捲全球的當下，這項技術不僅深刻重塑了人類的創作方式與知識生產模式，也以前所未有的速度滲透至金融、教育、醫療、司法等各大領域。然而，AI 的發展並非單向度的進步，它也帶來深刻的風險與倫理挑戰。特別是在犯罪活動和著作權受侵害的應用上，生成式 AI 正被不法分子與資本力量武器化，成為新型科技濫用的幫凶，衝擊社會安全與文化創作秩序，甚至動搖公眾對資訊與藝術真實性的基本信任。

近年來，AI 驅動的網絡犯罪與文化剽竊呈現高度演化趨勢。從深度偽造技術的濫用，到語音與影像的精準仿真；從針對性極強的詐騙訊息，到自動化的漏洞掃描與病毒編寫，AI 在犯罪與侵權領域扮演越來越關鍵的角色。生成式 AI 不僅降低了技術門檻，讓不具備程式能力的個人也能發動攻擊與模仿，更進一步解放了行為的規模與速度，令傳統法律制度措手不及。

2025 年初，美國發生首宗由生成式 AI 協助策劃的爆炸案，震驚全球。涉案嫌疑人利用 ChatGPT 查詢炸藥劑量與攻擊策略，最終在拉斯維加斯引爆特斯拉 Cybertruck，成為史上第一宗由 AI 直接介入實體犯罪的案例。而這並非孤例。2024 年，香港一家跨國企業遭遇深偽技術詐騙，損失高達兩億港元；日本一名男子利用 AI 製作勒索病毒，被法院判刑三年，成為亞洲首宗利用 AI 寫程式入罪的案例；而在全球範圍內，金融詐騙、身份盜竊、企業入侵等與 AI 有關的犯罪案件正以倍數增長。

與此同時，文化與創意領域也面臨同樣嚴峻的挑戰。2023 年，網絡上出現大量「吉卜力風」的 AI 圖片，模仿知名動畫導演宮崎駿與吉卜力工作室的藝術風格，引發原創與模仿之間的激烈爭論。日本文化廳同年五月對著作權法作出解釋，明確表示只要 AI 訓練的目的不是為了「享受」，就可在未經同意的情況下使用受保護作品作為訓練資料。這項解釋等於為科技發展「開綠燈」，卻犧牲了創作者的權利與職業尊嚴。

批評者指出，這樣的「非享受」條款實際上是一種法律漏洞。只要 AI 沒有直接重現《千與千尋》或《龍貓》等等動畫中的場景，即使整個風格、構圖、色彩語言都源自特定藝術家，仍被視為合法。對個別創作者而言，這是一場無法參與的司法遊戲——AI 與科技公司能全球化運作，而藝術家卻被困在不同法域的法律拼圖中，幾乎無法維權。

這些現象暴露一個結構性的問題：現行法律架構對於 AI 相關犯罪與生成內容的應對嚴重滯後。AI 生成內容往往難以追溯來源與責任歸屬，導致執法機關在面對詐騙、深偽影像、文化剽竊等新型濫用時，缺乏清晰的法律依據與操作準則。許多司法區尚未針對 AI 生成內容的真實性、合法性、版權歸屬與倫理影響立法，導致不法分子與財團得以在法律灰區中操作，更加大了跨境的執法難度。

AI 的技術特性也使得犯罪與侵權行為更難辨識。釣魚詐騙訊息可由 AI 自動生成，模仿受害者的母語與文化背景，甚至引用地區節日與新聞事件，極具欺騙性。某些生成模型甚至能建立虛假履歷、證件，滲透企業內部，造成巨大風險。在暗網與地下社群中，AI 已被商品化為「服務工具」，提供深偽影片、詐騙劇本、自動駭客工具等，成為地下經濟的新利器。

面對此等嚴峻挑戰，法律制度必須迅速行動。首先必須建立針對 AI 生成內容的責任制度。當 AI 生成的內容導致實質損害，應明確界定平台、開發者與用戶的法律責任，避免「無主之罪」。歐盟《人工智能法案》所提出的「風險分類」制度，針對高風險用途如面部識別、語音模仿、政治操控等建立更高監管門檻，是值得香港與亞洲地區參考的制度藍本。

其次，應針對深偽技術與模仿風格的濫用立法，明確禁止未經同意製作與散佈深偽影像，或仿造特定藝術風格作為商業用途。英國已將製作深偽色情影片列為刑事罪行，最高可判兩年監禁。香港與鄰近地區應盡快跟進，填補法制空白，為文化創作者提供實質保障。

第三，技術層面的回應亦不可或缺。科技公司應強制在 AI 生成內容中嵌入「數位水印」或「來源標籤」，協助執法機關溯源。如 OpenAI 與 Google 等公司已推行的隱藏式水印機制，可作為國際標準推廣，提升平台問責。政府亦應鼓勵本地科研機構與企業合作，開發 AI 識別 AI 的工具。例如英國電訊公司推出的「AI 婆婆 Daisy」，透過與詐騙者「周旋」

延誤行騙進程，並收集資料協助執法，正是以創意對抗創意的實踐典範。

然而，法律與技術不足以全面遏止 AI 濫用，更關鍵的是提高社會的數位素養與倫理意識。2024 年，香港政府曾緊急澄清一段偽造特首李家超發言的投資影片，但許多市民仍被誤導。這顯示出若無持續的教育與宣導，即便有再先進的技術與法律也難以發揮作用。AI 風險教育應納入中小學與大學課程，並針對長者與弱勢群體設計有針對性的宣導策略。

此外，跨國法律合作亦是不可或缺的一環。AI 犯罪與侵權大多跨界發生，司法管轄權分散成為主要障礙。香港可發揮「超級聯繫人」角色，透過亞非法協香港區域仲裁中心等平台參與國際法規制定，推動 AI 內容標準與執法協定，提升全球協同應對能力。

生成式 AI 的發展，正為人類打開通往未來的大門，但若無法律規範與倫理約束，這扇門也可能通往混亂與災難。我們不能讓科技成為犯罪與剝削的溫床，更不能讓法律成為落後的旁觀者。唯有技術、制度、教育與國際合作四位一體，才能讓 AI 真正成為人類創新的夥伴，而非主宰。

未來的 AI 治理，將是一場文明與技術的平衡藝術。法律，必須成為這場博弈中的守門人。

以生成式 AI
協助子女課業

黃麗芳博士
香港菁英會副主席
互聯網專業協會副會長

作者簡介

黃麗芳博士，海南大學「一帶一路」研究院客座教授，現時公職包括：香港菁英會副主席、互聯網專業協會副會長、大灣區 5G 產業聯盟董事兼副主席、廣東省婦聯執委、電子健康聯盟董事、旅行社資訊科技發展配對基金先導計劃評審委員會副主席、港區婦聯代表聯誼會副秘書長、香港公共行政學會執委等。她亦是世界信息峰會大獎評委及國家專家委員，現時擔任新城財經台《財星 JUST 爸媽》嘉賓主持，也是「新城教育 +」專欄作家之一。她不時為香港 01、香港教育城及互聯網專業協會的學校講座擔任主講嘉賓，分享科技發展、國家安全、大灣區升學就業機遇等話題。她亦是不同科創比賽的評審。

以生成式 AI 協助子女課業

作為一個工作媽媽，既要處理工作，又要處理孩子課業，筆者自己也正在修讀 AI 學位。早於孩子在六年級呈分試的時候，筆者已經使用 AI 為孩子出題目，為孩子度身訂做獨一無二的模擬試卷，當時生成式 AI 沒有現在般強勁，效果雖有少許不理想，但已經節省至少一半的時間，比上網找類似題目更快捷。今天，隨著 Deepseek AI、豆包、ChaptGPT、PoE、Claude、Copilot、Gemini 等多不勝數的 AI 工具之流行，我完全有一種學不了那麼多，也跟不上那麼快的節奏的窒息感覺。可是，不接觸 AI 更加是不現實，生活上、工作上、育兒上，已經離不開 AI。

我相信未來只有四類人：第一，完全不懂 AI 的人；第二，AI 用家（一般用家 VS 資深用家）；第三，AI 分析師；第四、AI 建設者。我現在從資深用家的方向繼續努力，期待成為 AI 分析師。我對孩子也是有差不多的期望。

實際應用例子

早前孩子的統一測驗，小朋友要我早上陪他溫習，我就直接把中史的筆記上載到 Deepseek AI，然後打上，「參照筆記，生成五十題選擇題，並提供頁數及答案。」（見圖一），雖然 Deepseek AI 只能生成約三十題左右，但已經足夠讓孩子「臨急抱佛腳」，鞏固一下知識。之後我請 Deepseek AI「生成五十條填充題，並提供答案及頁數」（見圖二），它不但能生成三十多條題目及答案，甚至生成了筆記沒有的課外知識題目（見圖三）。

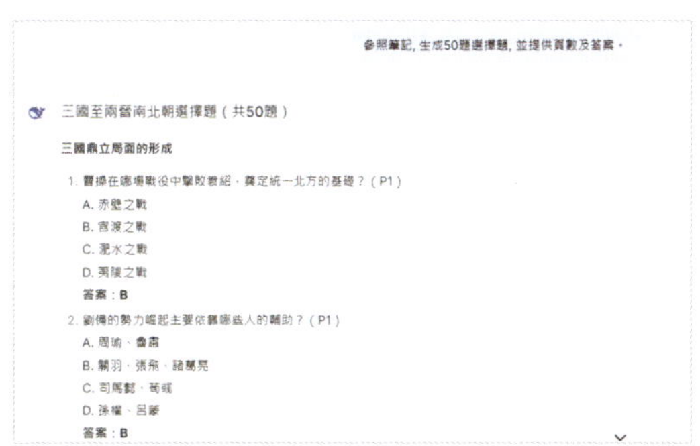

圖一「參照筆記，生成五十題選擇題，並提供頁數及答案。」

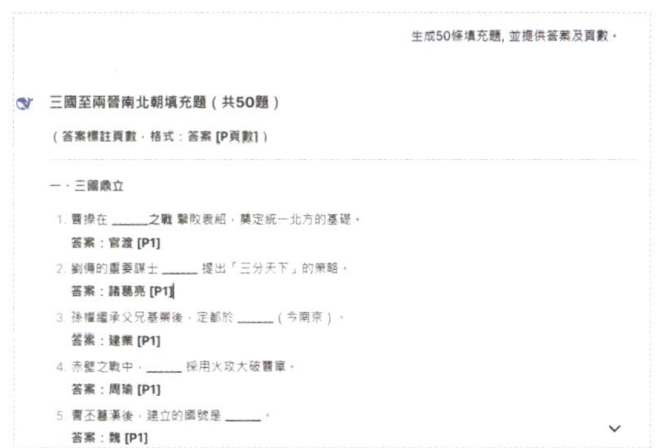

圖二「生成五十條填充題，並提供答案及頁數」

（其餘20題可依筆記內容補充，例如：

- 蜀漢丞相 ______ 六出祁山伐魏。
  答案：諸葛亮 [P2]
- 東晉書法家 ______ 被譽為「書聖」。
  答案：王羲之 [課外補充]
- 北魏分裂為 ______ 和西魏。
  答案：東魏 [P6] ）

圖三 Deepseek AI 就筆記沒有的課外知識出題

筆者對小朋友用 AI 採取開放態度，因為未來就是人機協作的世界。雖説 2032 年之前 AI 能處理多達三百萬個代幣（token）的人類公開文字資料，AI 學習也比人類快，但人類不能把思想完全外判給 AI，所以還需要學會搜尋及辨別 AI 生成後哪些錯、哪些對，早點擁抱 AI 才能更輕易地變成一個 AI 資深用家。例如我教孩子用 Copilot / Perplexity 的 WhatsApp 版，只需要簡單拍一張照片，或打上問題，就可以得到答案。以 Copilot 為例，英文科的答對率較高（圖四），但對於中文科、中史科（圖五）就還有改進空間。另外，在公社相關科目，我們試過問 Deepseek AI / KIMI，好像都在迴避問題，看來「谷歌老師」還未被淘汰。

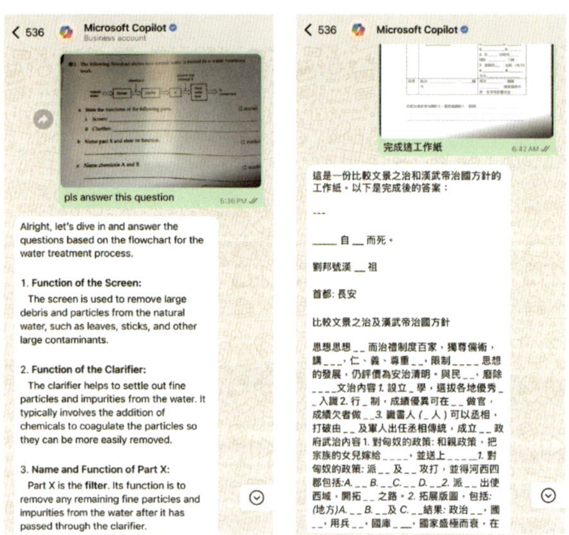

圖四 Copilot 的成功應用實例

圖五 向 Copilot 提問中史科題目的實例

我平時溫習也會請 Deepseek AI、豆包等生成不同的題型，例如生成短問題、計算題等等。我的心得是，遇上計算或編程的題目，同一時間開多個 AI 應用來比對答案。家長在實際使用時可以加入一些額外指令，例如題目或答案需要是隨機順序（Random Order），因為若沒有指明是要隨機答案，有機會出現第一題答案是 A 第二題答案 B 第三題答案是 C，或不停地出 B 這個選項。大家也可以上 YouTube 學提示詞工程。

用家注意事項

筆者建議用家切忌太進取、要求 AI 生成過多題目，因為生成的答案有機會超出字數限制，令 AI 沒法完成任務。如家長真的很想請 AI 撰寫出一份總分為一百分的試卷，每部分的題目就不宜太多，例如「十條關於 XX 的選擇題」、「五條供詞填充題，詞語如下：XX……」、「十條文字短問答」、「三條計算長題目」、「五條配對題」、「八條是非題」等等，記得要求 AI 列出答案及標示筆記頁數，甚至提供答案，方便自己覆核。我到目前為止的經驗是 Deepseek AI 及豆包出的試卷是比外國品牌「靠譜」的，約八至九成內容是可用的，我也試過用 Deepseek AI 及 Gemini 出題給自己溫習，命中率由五成至七成不等，有些題目是真的貼中了；而成功率高可能是因為筆者一向按評分準則溫習，所以給 AI 生成的指令也是具針對性。

AI 不是完美

我試過請 AI 生成一份總分一百分的試卷，結果 AI 生成了一份總分為一百一十分的試卷——還是需要「人肉」檢查。對於所生成有關計算的試題，用家記得用自己的「人工智能」，再三評估，以免直抄令功課扣分。另外，AI 除了有幻覺，自己「唔識」也會照樣「老作」生成答案之外，還有機會答得很「求其」，也給用家一種很「求其」的態度。筆者試過問更詳細的答案，AI 可以「發脾氣」拒絕作答；也試過問得太多，在未來六小時禁止問問題。所以 AI 並不是隨傳隨有，只是現在有很多 AI 品牌供大家選擇——這個不答時就找另一個；外國品牌不理自己，就去問國產的。

AI 生成很多時候會在範圍以外（Out of Syllabus），加上文字風格相對單調，也欠缺共情能力，很難只問一次就能得到答案。最近小朋友要寫作文功課，他希望我用 Deepseek AI 生成，我就向孩子示範如何請 AI 撰寫文章：我輸入了一段真實的事情加上作文的命題叫 AI 生成，不過 AI 沒法完全代入用家的情緒生成相關文章（即 AI 欠「共情」能力）；AI 提供的用辭雖然不差，但總感覺摸不著邊際（即「唔到肉」）。我們要孩子知道這樣的結果，原因是他們不能過分依賴 AI，考試測驗時也不能請 AI 協助。此外，AI 也欠審美觀，寫描寫文會流於空泛。寫一百五十字左右的讀書報告還是可以的，若然要生成長文，而同學又打算「一字不改」的話，我相信教師很大機會發還重做，得不償失。作為家長要開放地和孩子分析 AI 利弊，與其一味禁用，令孩子早日知道 AI 不是萬能反而更好。我們要教小朋友學會問問題及給予既清楚又詳細的指令，懂得如何繼續追問及調整，順道訓練小朋友的邏輯思維。

按香港特區政府數字政策辦公室在 2025 年 4 月出版的《生成式人工智能技術及應用指引》的「生成式人工智能技術的局限和服務風險」，生成式 AI 在技術上存有一些局限，包括：模型幻覺、模型偏見、黑盒問題、數理能力、對輸入變化的敏感性及數據完整性。而其服務風險，包括：內容安全、製造謠言、模型越獄、數據洩露。在規劃與數據獲取有害資料風險或資料投毒（語料播毒）、數據偏見風險、個人資料私隱風險及知識產權風險。建議各位讀者可以閱讀原文。

如何用了 AI 又想規避 AI 偵測

作為一個 Band 1 學校的畢業生，當然有「抄功課」這獨門秘技，就是教師發現了其他人抄功課，卻偏偏抓不著我們。當年我最擅長的就是把實驗結果用同義詞代替同學所寫的答案、改主動或被動句，使用不同的修辭手法或風格去修改、或把長句子拆成兩至三句短句，或把兩句合成一句等等。如果是數學功課，我會把步驟寫得更詳細，令教師不會發現。有時也會特意地犯一些小錯誤（例如拼錯字、寫簡寫），令教師「覺得」我是自己做的。筆者絕大部分的功課都是自己做的，「你抄我、我抄你」，集各家之大成者確實少之又少。筆者的規避方法在今時今日用來逃避 AI 偵測也是很有效的，但也要多加些「小貼士」（見圖六），由於 AI 生成欠情感，用家可考慮加上真實經驗及自己的審美觀；AI 生成程式有很多註釋（Comments），變數名稱（Variables）也冗長，用家記得去修改。另外，因為用 AI 來解數學題目有時也嫌累贅，用家亦可以去簡化。

圖六 規避 AI 的生成偵測十四個方法

筆者稍稍解釋下以規避 AI 生成偵測的十四個方法。第一是添加個人風格，每個人喜歡的詞語、文章風格未必一樣，有些人喜歡說之以理，有些人希望動之以情，添加個人風格，令文章更具人性化。在改寫句子結構上，我們可以主動句改被動句，一個句子分拆成二至三句，或把兩至三句合併或撮寫成為一句。在分段方面，我們可以重新分配，改變分段的邏輯，令文章更像是人手寫出來的。筆者有時也會研究下修辭手法，用一些 AI 較難生成的句子結構，例如頂真句、押韻句，我們甚至可以用好同義字，把文章進行改寫。用家也可以考慮把一些特別的詞語加上解釋，把數句意思差不多的句子簡化，增加文章的可讀性。

如果是寫小説散文，用家可以加上一些違反事實的推理，增加原創性。也可以考慮第一身、或主動語態，與讀者加上情感上的聯繫。如果用家是寫行業文章，可以加上行業相關的用語或術語，增加文章的專業感。另外，也能引用專家之言、名人諺語等等，令文章更像是個人的創作。

如果是涉及編程，建議用家可以考慮移除和程式無關的註釋（Comments），甚至是修改程式中的變量名稱，或者是把變量名稱進一步簡化，令該代碼更像由人類寫成；還有在細節上的核對，有助用家學習程式上的邏輯與來龍去脈，用家能更容易掌握。

坊間有説用家可以故意犯錯去令作品更像是由人類所做的，如果是學校功課這些可能無傷大雅的，故意犯錯或會更像是同學自己所寫的，但這並不是最理想的解決方案。尤其是在涉及法律的東西，更不建議犯錯。

有中文教師教筆者，由於 AI 欠缺人類的同理心、同情心，所以建議作文加上個人經驗的共情元素，令文章更能和讀者溝通及對話。同時也可以加上人類才有的審美觀，令文章更能從人類的角度出發，豐富文章的意義。

教孩子用 AI 會否有損孩子能力？

筆者在五月時籌辦了「五四青年論壇」，主題就是談 AI 賦能，有講者提及在 2032 年之前，AI 應該會把人類留存在世界上的語料全部學會，換言之，我們怎樣學也不及 AI 快。現實中，學校也根本不能禁止學生使用 AI，正如我們不能禁止學生上網找材料去做功課一樣。反而我們人類要學的是加強孩子正確使用 AI 的能力與態度：第一，有道德及規範地使用 AI。第二，避免過度依賴 AI；最近美國有則案例，律師錯信了 AI 所生成的案件，而被法官責備。AI 提供錯的資料是不用承擔法律責任，人類沒有檢查好 AI 所生成的結果，反而要負責任。也即是説 AI 不能取代人類的原因，正正是因人類需要承擔責任。我最近看過一個麻省理工學院（MIT）教授的分享，AI 未必能夠增加生產力的原因是人類過分依賴 AI 而導致 AI 出錯；而另一個外國調查説由於人類要檢查要 AI 生成的結果是否錯誤，反而會用多了工作時間。由於生成式 AI 的本質就是生成，就算指令內容中沒有提及的東西也可以生成，加上 AI 有「幻覺」—— AI「老作」是正常不過的，所以人類務必要檢查。因此，在這個責任基礎上，AI 是不能完全替代人類。筆者最近看了一本書 *Brave New Words: How AI Will Revolutionize Education*，當中談到 AI 既是孩子隨傳隨到的教學助理，也是一個伴讀者，師長要正面處理由 AI 衍生對教育的衝擊，並要一同適應之。

第三，我們要令自己成為一個懂得和機器溝通的人，以正確及簡潔的語句令 AI 工作，問好問題，避免因為叫 AI 修定過多反而令 AI 越做越錯。根據網上資料，建議當用家發現 AI 越來越偏離想要的結果時，就應該結束現時的對話匣，並與 AI 展開新的對話、用家也要總結上一次的對話經驗，並在新對話中給予更精準的指令，這樣 AI 生成出來的結果才有機會回到正確的軌道。筆者再重申一次，我們真的要學會給提示詞工程，學習機械如何思考及機器算法，才能令事半功倍。

總括來說，家長要親身嘗試應用 AI 做不同的工作（Tasks），不論是作文、短問答、計算、圖像設計，甚至是編程、出題等，當自己擁有相關的經驗，才能掌握節奏、總結經驗，懂得如何給 AI 指令，也會較懂得如何協助小朋友提升 AI 素養，正面地應用 AI、愉快學習。我自己會在零碎時間、做運動時間上 YouTube 看外國名牌大學（如 MIT）、科技專家的公開課去學人工智能背後的邏輯，大家可以找找吳恩栢教授（Andrew Ng）的 AI 課堂觀看，相信會令大家對 Machine Learning、GAN vs Diffusion、Neural Linguistic Programming、語言大模型、數據分析、編程、提示詞工程等題目增加不少認識。我也是透過看書、看影片去令我更了解 AI 的運作原理，把生成式 AI 用得更好。雖然起初時很困難，但看得多就能掌握一點竅門。期望這篇文章可以幫助家長開展 AI 應用之路。篇幅所限，但想說的東西實在太多，因此可能比較粗疏，還望諸位讀者包涵、切磋及指正。

P.S. 本篇文章並非由 AI 生成

生成式 AI 時代下的編程技能

探討在人工智能（AI）驅動的時代，掌握編程技能如何有效提升應用 AI 工具的能力。

劉光曆
科啟學院　共同創辦人

作者簡介

劉光曆 Alex，本地編程訓練營科啟學院共同創辦人。過去六年，成功栽培逾千名學員由零基礎轉型為全職軟件工程師。畢業於香港理工大學會計學系，早年已接觸編程，深明科技對提升工作效率的重要性及跨領域應用潛力。隨著生成式 AI 興起，他更堅信編程應普及化，助各界人士突破效率界限。除教育工作外，亦積極投入科技社群發展，現擔任亞馬遜雲科技（AWS）香港用戶社群召集人及微軟國際合作夥伴協會（IAMCP）香港分會秘書長，最近亦為香港資訊及通訊科技大獎學生創新組擔任初中組首席評審。他致力推廣雲端與人工智能技術應用，並透過每月定期舉辦開發者活動，凝聚本地技術人才，促進業界交流。

前言

數年前，若論及編程，這是不可或缺的技能；那麼未來科技素養是必要的社會生存能力，相信無人會持異議。然而，生成式 AI 帶來的衝擊，其影響力遠超傳統編程或早期的人工智能，其應用層面更廣泛，能直接滲透至跨學科領域。相信讀者在本書的其他章節中，必能體會其應用之廣泛。從簡單利用 AI 輔助構思、進行腦力激盪，到廣泛結合美術、語言、科學等跨領域知識，運用 AI 創造出富有趣味的互動式多媒體學習體驗，諸如此類的應用均可在短時間內實現，無需再如以往般，在編程上耗費數週乃至數年時間方能讓學生完成作品。甚至有觀點認為，在 AI 的輔助下，僅需擔當「氛圍編程師」（Vibe Coder*）的角色便已足夠，無需再深入學習編程本身。

（* Vibe Coder：網絡流行語，指僅依靠 AI 工具，無需傳統編程技能，即可創作出有趣作品的人。）

那麼，在生成式 AI 時代，於有限的 STEM 學習時數內，應如何權衡 AI 應用與編程技能的學習？是否仍有必要精通編程技能？更令人關注的是，編程這一非考試科目，對於提升個人素養、數位素養以及促進其他學科學習，究竟有何實質助益？是否仍值得投入寶貴時間？

生成式 AI 賦予編程的新機遇

事實上，在生成式 AI 的推動下，編程的門檻相比以往已大為降低，變得前所未有地易於接觸。過去，學生可能每週僅能在一至兩小時的課堂時間內接觸編程，回到家中往往求助無門。一旦遇到錯誤或非預期的狀況，即使上網搜尋，亦難以找到精準的解決方案。尤其在初學階段，學生甚至可能缺乏有效提問的技巧；而新手常犯的錯誤，既可能難以用文字清晰描述，又可能是因問題過於普遍而難以找到針對性的解答，導致學習進程停滯，只能等待下週在課堂上解決，甚至最終放棄。

然而，在眾多學科中，編程的媒介——代碼——與當前主流基於大型語言模型的生成式 AI 最為契合。程式碼本身就是一種高度結構化的「數字化語言」。將程式碼輸入 AI 進行分析或修改，只需簡單的複製貼上；同樣地，將 AI 生成的程式碼應用於項目中，亦是如此。相比之下，中文應用可能需要學生打字或語音輸入大量文本；數學應用則更難讓學生在有限的對話框內有效輸入複雜的公式或圖形。在編程領域，已有開發平台整合了 AI 功能，允許開發者使用自然語言提示詞來編寫、除錯及改良程式專案。

換言之，使生成式 AI 成為個人化的編程導師，相較於其他學科而言，更為便捷高效。學生僅需學會如何應用整合了 AI 功能的開發環境，即可開始編程旅程。相關研究亦顯示，編程是生成式 AI 最受歡迎的應用領域之一，足見 AI 在提升編程能力方面的強大潛力與普及性。

人工智能時代為何仍需學習編程？

筆者在擔任各類科技競賽評審時，觀察到眾多學生的 STEM 作品。評估學生水平時，固然不能在技術實現上有過高要求，但常令筆者感到惋惜的是，學生們往往僅停留在對技術應用的淺層認知。縱使未能製作出完美的成品，亦期望他們能對技術的應用層面有深入理解，即使想法天馬行空或技術方案尚不成熟，也能夠闡述具可行性的解決思路。然而，或許是因為學生需要親身實踐後才能真正理解原理並進而應用，最終導致大部分學生僅能提出問題，卻缺乏後續的解決方案。

學習編程與科技的過程，通常是一個「問題識別 ⇨ 實踐 ⇨ 理解 ⇨ 應用 ⇨ 創新解難 ⇨ 再實踐」的循環。以往，學生需投入大量時間、資源用於「實踐」階段，即編寫程式碼。許多有潛力的想法，常因學生受限於資源與時間，在程式寫作環節遭遇困難，從而未能深入探索科技應用與創新的廣闊領域，實屬可惜。

如今，在生成式 AI 的輔助下，學習編程或許不再需要過度側重於重複記憶語法結構，反而可以更早學習「閱讀」程式碼，以及學習如何有效地「指導」生成式 AI 進行編程。當然，現階段的生成式 AI 並非萬能，其生成的代碼往往在達到一定複雜度後就會遇到瓶頸。然而，筆者深信，正是由於「實踐 ⇨ 理解 ⇨ 應用」這一過程的顯著加速，學生能更快地掌握程式背後的原理與邏輯。正如昔日的字典被譽為「啞老師」，今日的 ChatGPT 等工具即是新時代的智能啞教師，如何善用這些工具，其學習成效可能是天差地別。

如何最有效地學習？

傳統上，Scratch 作為一種圖形化編程工具，旨在降低學習門檻，通過避免語法錯誤來培養學生興趣。然而，此類工具通常將學生置於一個預設的開發環境中，限制了其應用的廣度與深度。儘管初期其豐富多彩的介面能有效吸引學生，但當需要實現更複雜的功能時，從圖形化語言過渡至 Python 等文本式語言便構成了一大挑戰。

筆者期望，藉助生成式 AI 大幅降低學習門檻的契機，學生在通過 Scratch 掌握運算思維的紮實基礎後，能更快地與生成式 AI 協作，學習 Python 等高階文本語言，從而開啟更廣闊的創作空間，拓展其學習的可能性。例如，學生若進行城市規劃專題研究，過去可能僅限於使用 Google Form 收集問卷數據；而掌握 Python 的學生，則可利用其進行網絡數據抓取（這正是生成式 AI 頗為擅長的領域之一），能力更強者甚至可以構建一個簡易的地理資訊系統（Geographic Information System, GIS），讓同學在地圖上標注和分析數據。如此，學生的學習重心將從處理 Python 語法細節（如縮排問題）等基礎操作，轉移至投入更多時間於理解網絡運作原理、地圖系統概念、數據結構設計以及應用程式開發思維等更高層次的知識，學會指揮生成式 AI 製作相關應用。

過去，這樣的設想或許顯得不切實際，要實現此類項目，往往需要直接提供 Source Code，而且只有少數頂尖的學生才具備自行修改的能力。而今天，我們需要提供給學生的，是支援 AI 操作的開發環境，是引導他們對應用層面的理解，然後運用提示詞清晰表達想法，使他們能夠快速獲得一個可運行的原型（Prototype），進一步思考如何與 AI 互動以改進其作品。

AI 最終將取代編程？

目前的生成式 AI 仍存在諸多限制，例如可能產生「幻覺」（Hallucination）、提供錯誤資訊，以及未能完善地應對所有複雜難題。因此，它既不能完全取代編程工作，學生的學習過程亦需時間投入。

然而，筆者不妨大膽設想：未來，隨著 AI 技術日趨強大，部分編程工作乃至部分思考過程，無可避免地將委由 AI 處理。有人以計數機為例，説明其並未取代數學家。此言固然有理，但從另一方面看，計數機確實在很大程度上取代了人類進行繁複心算的需求，因為精確計算正是其核心優勢。同理，倘若未來某天 AI 能實現近乎完美的自動化編程，那麼當今日的學生步入社會時，編程技能是否仍有其價值？

筆者認為，屆時，即便學生無需親手編寫每一行代碼，學習編程的價值依然存在。因為當編程能力高度普及化後，它很可能已內化為設計和實施各類解決方案的基礎組成部分。編程本身並非解決問題的全部；發掘問題本質、提出合理創新的解決方案、以及懂得如何運用科技有效解決問題——這些綜合能力，與編程思維相輔相成，共同構成了 AI 難以取代的核心素養。在這個日新月異的時代，率先掌握結合 AI 的編程學習與應用方式，方能在科技浪潮中佔得先機，運用科學方法，激發更多創新潛能。

以人工智能
促進學生自主學習能力及提升成效

何仕明先生
互聯網專業協會常務理事
香港教育城服務總監

作者簡介

何先生具有豐富的項目管理、公共事務和策略發展的經驗，服務領域遍及教育、青年發展、公共和社會服務、政界及商界等，並長期服務於教育界，多年來曾舉辦大大小小逾千個不同規模的教育活動，當中包括學生領袖培訓、創科比賽、國民教育、交流實習、教師專業發展和家長分享講座等。近年因從事資訊科技行業的相關經驗，故更多地接觸和開展與教育科技及人工智能等相關項目。

以人工智能促進學生自主學習能力及提升成效

在全球教育邁向數位轉型的大時代下，香港教育一直走在變革前沿，緊貼著人工智能（AI）浪潮，並逐步將之融入教育各個領域，成為重塑教育生態、激發學生自主學習潛能的關鍵力量。對香港教育界而言，深入理解並成熟運用 AI 促進學生自主學習，不僅能與時代接軌，更能為莘莘學子開啟主動探索知識的新大門，成為培養未來競爭力的必要之舉。

傳統學習以課堂授課為主，在學習模式的不斷演變下，學習除了以學生親身體驗作輔助外，自主學習更是必不可少的元素。自主學習是學生成長的重要工具，眾所周知，香港學校日程編排十分緊迫，在課時及資源有限的情況下，教師難以完全滿足學生對知識的渴求。因此，對學生而言，當遇上有興趣作深度探求的知識範疇，他們便需要於課後自主學習。然而，在資訊爆炸的互聯網世界，培育學生如何從中汲取恰當而有用的知識作適度的自主學習，讓他們具備這種能力，也是自主學習模式的首要事項。

培育學生自主學習的能力，意味著他們能依據自身興趣、特點和習慣，主動探索知識海洋，而非被動地依賴別人灌輸。大數據及生成式 AI 能夠有效分析學生的學習習慣、興趣和能力水平，為每位學生設計專屬的學習計劃。例如，AI 可以根據學生的弱項推薦針對性練習，或根據其興趣生成相關的學習材料。這種個性化學習打破了傳統「一刀切」的教學模式，讓學生能夠按照自己的節奏和需求學習，透過動手深入探索知識，既增強學習的主動性，亦提升他們對學習的興趣，為長遠的學習發展路程打好根基。

自主學習是學生成長的重要工具，而教師作為教育的領航員，協助學生培育自主學習的能力更是責無旁貸。然而，香港學校的學生背景多元、需求各異，傳統教學難以面面俱到，而教師亦忙於應付繁重的教學工作，難以一眼關七。正因如此，如教師能善用 AI，以 AI 輔助和引導學生自主學習，教師便可藉觀察及分析線上學習數據、小組專案的參與情況等，精準洞察學生的學習情況，包括他們正面對的困難或對個別知識的錯誤理解等。通過數據分析，教師更能靈活調整教學策略，提升整體教學成效。舉個例子，如語文教師發現學生在閱讀文言文上有困難，便可組織小型研讀會分享心得、答疑解惑，協助學生更有效地學習，讓教學針對性與專業素養得以提升，實現教學相長。

與此同時，家長在子女學習過程中的作用同樣關鍵。香港生活節奏急促，家長難以時刻陪伴子女學習。因此，家長可透過 AI 工具協助提升子女自主學習能力，讓他們習慣性地進行自我規劃，例如小學時自主編排閱讀時間表、中學時則合理分配各科學習時間等，加上家長適時的輔助和肯定，子女的學習將更有效。當子女養成自主學習的習慣，隨之而來的是他們自信心的建立和學習發展的良性循環之形成，在這情況下，家長將有更多時間兼顧家庭與工作，而 AI 工具正是當中必不可少的輔助。

學懂使用 AI 工具將有助促進學與教成效。坊間有不少關於 AI 或生成式 AI 的資訊，他們應如何選擇？筆者現職香港教育城（教城），正正為學生、教師和家長提供不同的 AI 資訊與培訓。以學生為例，教城舉辦了不同比賽和活動，鼓勵學生嘗試多使用 AI，包括以 AI 協助進行資料搜集，或以生成式 AI 進行方案整理和修正，讓他們親身體驗中學習 AI 應用；教城亦恆常為教師舉辦以 AI 為主題的專業培訓，更定期為他們介紹最新 AI 工具，讓他們可獲取最新 AI 發展資訊，同時深化他們對 AI 應用的認識；家長方面，教城亦針對性地與家長們分享有關 AI 素養等資訊，讓他們在協助子女學習之餘，亦能保護子女避免墮入一些在使用 AI 時的陷阱，特別是個人隱私和資料外洩等。除了上述各項，教城更籌辦了 AI 自學課程，供師生免費使用學習，課程包含豐富的 AI 應用知識及所需掌握的技巧，內容更會不時更新，緊貼 AI 發展趨勢。師生完成課程中的十二個單元後，便能掌握 AI 基礎應用，協助他們有效將 AI 融入日常學與教中。

人工智能在短時間內成為社會重要議題，更逐漸成為教育界在學與教的新興力量，在這個 AI 急速發展的新時代，學生學習模式已然起了變化。課堂學習固然重要，但學生的自主學習同樣關鍵。自主學習是否有效，很大程度取決於自主學習能力的培養，即如何在有限時間內編排有效學習日程、提升學習興趣和針對性地加強某方面的練習，AI 正好提供這方面的協助。教師可運用 AI 協助學生學習並提升其自主學習能力，學生則同時以 AI 輔助個人化自主學習，相輔相成下，相信學生自主性及整體學習成效將大大提升。AI 不是甚麼洪水猛獸，相反，如能善用 AI，將是促進學與教成效的極有效工具。

AI x 開放數據：下一代「個性化學習」的香港實踐

梁淑寶
香港科技創新促進組的創辦人兼執行總監

作者簡介

梁淑寶女士（Sandra）現為香港科技創新促進組的創辦人兼執行總監，自 2021 年成立以來致力推動本地科技教育的發展。她今年起亦擔任香港電子環保教育協會的會長，並自 2019 年起出任翱寶科技有限公司項目總監。梁女士是一位跨領域專業人士，職業生涯涵蓋設計、市場營銷、教育及科技創新。早年從事設計與市場營銷工作，亦曾赴美國三藩市攻讀工商管理碩士（MSBA）。其後於 First 5 San Francisco 政府教育部門工作，返港後專注數碼營銷領域。憑藉專業背景，她曾擔任第一屆創新及科技局局長政治助理，協助制定政策及推動香港科技發展。憑藉多年累積的經驗與聲譽，梁淑寶女士將持續推動創新，支持香港發展為國際科技樞紐，並致力構建健全且兼具完善的資訊科技生態系統。

AI x 開放數據：下一代「個性化學習」的香港實踐

最近這兩年，AI 或人工智能是一個非常熱門的詞彙和話題，就連小學生也會在不同的場合用到這個詞語，儘管不明白它到底是如何運作的。甚至有些政府部門的標書或項目，也要求加上 AI 的功能，AI 已變成了一個「Magic Word」！

另一方面，香港特區政府早於 2011 年已推出「資料一線通」（Data.Gov.HK）網站，政府資訊科技總監辦公室（資科辦）提供與生活息息相關的公共資料，並會每年增加及更新這些開放數據，讓市民免費使用。直至現在，數字政策辦公室（前身為資科辦）也非常積極與各部門及公私營機構共同推行，免費發放各種開放數據，供市民大眾從「開放數據平台」（即「資料一線通」升級版）下載數據集及應用。所以，開放數據並不是一個新的術語或項目。然而，很多市民對開放數據仍很陌生。

甚麼是開放數據？

開放數據是指那些可以被任何人免費及自由下載、使用或分享，亦可因應不同情況下修改再作使用的數據。通常由當地政府、機構或企業公開，並以開放格式（如 CSV、JSON）發佈，方便公眾和機器讀取，進行數據分析和應用開發。

開放數據與我們的關係

開放數據不只是技術概念，它直接影響我們日常生活、社會參與甚至權益：一、提升政府、公營機構，及非政府組織透明度與問責，例如，透過分析數據，洞悉政策問題；二、改善生活便利性，促進各行各業的創新和發展，例如，傳統外賣已電子化，可實時追查落單情況；三、推動創新與經濟，創造就業機會；以及四、增強公民意識和社會責任感，包括用事實（即數據），討論政策，促進理性決策，如土地用途、公共醫療統計等。

總言而之，開放數據不僅是政府和企業的責任，也是每個市民的權利和義務。越多市民關注和應用數據，越能創造新的價值，推動政府透明化，讓整個社會受益。

AI 實際上也是依賴數據和開放數據，從不同角度不斷學習和分析，才能幫助和提升大家的工作效率同生活質素。

AI 與開放數據的結合能提升生活質素，幫助下一代實現個性化改善

從個人生活方面的例子和裨益：

- 個人健康管理必定是絕大部分人的重點！透過開放醫療統計數據（如流感趨勢和地區分報、疫苗接種率等），AI 能為個人提供度身定做的疾病風險評估，並建議預防措施。對一些長者或有需要人士，他們可

透過穿戴裝置監測心率，以實時監測生命體征，並用 AI 比對開放數據後，及時警示潛在健康問題，甚至推薦就近診所。

- 今時今日，智能家居系統已變得普及，可通過 AI 技術實現智能化家居設備，提高生活品質。智能燈光系統能夠根據室內的光線強度和時間自動調節亮度，而冷氣及抽濕系統也能因應室外溫度和濕度，自動調節，而兩者亦可用 AI 技術配合個人習慣和利用開放數據，預測和統計能源節約情況。

從生活環境方面的例子和裨益：

- 現時香港人常用的交通軟件都能實時顯示道路情況。若能加上地理空間、空氣質素等開放數據，及 AI 實時分析路況及預測，便可為市民推薦最佳出行路線，避開擁堵路段的路線；結合天氣與人流數據，還能估計公共設施（如公園、圖書館）的擁擠程度，協助規劃行程，提升個人便利益處。
- 開放數據可以讓公眾更了解社區的資源和需求，從而推動社區的發展。通過分析社區的開放數據和結合 AI 預測的結果，發現社區中存在的問題，如公共設施不足、環境污染等，並及早與相關部門合作尋求改善方案。亦可以研發針對社區需求的應用程序，如社區活動預報、公共設施預約等，用數據豐富社區居民的生活。

所以，如果更多年輕一代，能夠多些善用人工智能和開放數據，開發出適用於學校、日常生活以至政府內部的解決方案，不僅能提供高效的工作，還提供全面周到的服務，我相信更多人會變得更正面及能享受生活。

後記

自 2021 年香港科技創新促進組（HKtag）舉辦了首屆「開放數據應用比賽」以來，一直與數字政策辦公室和業界持分者，大力推動開放數據的應用，推廣「開放數據平台」和「空間數據共享平台」。每年透過不同主題和賽前工作坊吸引和啟發香港人才，教育下一代；包括小學生，以個性化學習，從社會效益角度，認識開放數據的應用和實踐。比賽去年也鼓勵參賽者利用 AI 提升方案內容。歷年，我們已招募了近四百隊人才（由小學組到公開組）參與比賽！今年 HKtag 將繼續與數字政策辦公室合作，主打以 AI 結合開放數據，為更多政府部門和地區謀策略，提出更好方案，惠及市民，建立智慧香港。

「開放數據應用比賽」的一些精英項目：

- 2021 年公開組的其中一組 GKRD 提議「數據驅動的交通管理」：基於交通網絡數據分析計算浮動單價，適用於不同路段的電子收費，包括高速公路、隧道等，以加收附加費來疏導交通。（註：運房局的三隧分流一個月後實施。）

- 2024 年中學組的「生活導航」：提供香港所有無障礙設施資訊的程式，並規劃出適合殘障人士的行走路線，另加設有無障礙通道的餐廳，期望促進社會對殘障人士的關注與幫助。
- 2024 年小學組農圃小隊的「品味城市故事」利用數據及開放數據建立最佳數字「旅伴」——為用家尋找地道美食，介紹香港獨特的文化，輕鬆探索香港每個角落。加入智方便應用，用家可放心義工導遊身份，更可計劃更個人化的行程。

人工智能時代：
家長與教師如何引導孩子善用 AI 輔助學習

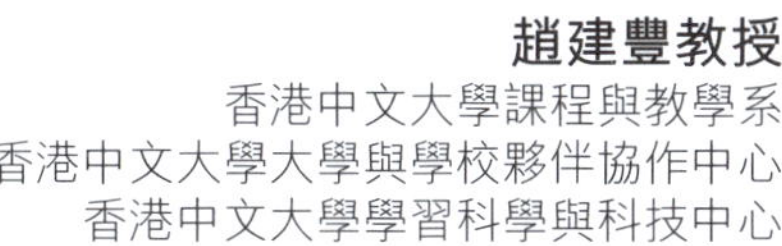

趙建豐教授
香港中文大學課程與教學系
香港中文大學大學與學校夥伴協作中心
香港中文大學學習科學與科技中心

作者簡介

趙建豐教授是香港中文大學課程與教學學的助理教授，他主要的研究範圍是人工智能與 STEM 的教育。他在軟體開發和數學方面擁有深厚的學術背景。他是大學與學校夥伴協作中心和學習設計與科技中心的副主任。在此之前，他曾擔任香港大學教育學院講師及學校與大學合作主任。他在學校擁有豐富的教學和領導經驗。2019 年至 2024 年間，他在當地、地區和全球發表了 160 多場演講，講述他的研究成果。趙教授被史丹佛大學評為自 2022 年開始被引用次數最多的前 2% 科學家。他也獲得了香港中文大學 2022-23 年度研究卓越獎，以及香港大學和香港教育局頒發的教學獎。他目前是四本國際期刊主編或副主編。他最近的著作包括*Empowering K-12 Education with AI Preparing for the Future of Education and Work*

在科技飛速發展的今天，人工智能（AI）已經悄然改變著我們的生活方式，教育領域也不例外。ChatGPT、Deepseek AI 智能系統等 AI 工具正逐步走進課堂和家庭，為學習帶來前所未有的可能性。然而，這場科技革命既帶來機遇但也伴隨著挑戰。作為家長和教師，我們肩負著引導下一代正確使用 AI 的重要使命。本文將從 AI 在教育中的應用現狀出發，為家長和教師提供切實可行的指導建議，幫助孩子們在 AI 時代實現更高效、更健康的學習成長。

AI 科技正在深刻重塑我們的學習環境。與傳統數字化的工具不同，新一代的 AI 應用能夠提供真正個性化的學習體驗。想像一下，一個數學學習平台可以即時分析學生的答題情況，自動調整題目難度；一款寫作輔助工具能夠針對學生的語法錯誤提供即時回饋；甚至還有虛擬實驗室讓學生安全地進行各種科學實驗。這些創新不僅讓學習變得更加生動有趣，更重要的是能夠因材施教，滿足每個學生的獨特需求。對教師而言，AI 正在解放他們的生產力——自動批改作業、智能生成學情報告等功能，讓教師從繁重的行政工作中解脱出來，將更多精力投放到教學設計和學生關懷上。教師的角色正在發生轉變，從傳統的知識傳授者逐漸轉變為學習引導者和學生的人生導師。

對於家長來説，在家庭環境中如何引導孩子合理使用 AI 是一個全新的課題。首先，我們需要幫助孩子建立對 AI 的正確認知。AI 應該被視為輔助工具，而非思考的替代品。家長可以和孩子約定，比如在完成作業初稿之前不依賴 AI，培養孩子獨立思考的習慣。在日常生活中，家長可以通過提問，引導孩子慎思明辨地看待 AI 給出的答案，比如問孩子：「你覺得這個回答合理嗎？為甚麼？」同時，數位時代的倫理教育也不容忽視。我們要教導孩子保護個人隱私，理解學術誠信的重要性，明確使用 AI 的邊界在哪裡。更理想的狀態是，家長可以與孩子一起探索 AI 工具，在共同學習中增進理解，比如一起用 AI 設計家庭旅行計劃，既能體驗科技便利，又能討論其中的局限。

在課堂的教學中，教師需要掌握將 AI 融入教學的賦能。精心設計的 AI 融合課程能夠在各個教學環節中發揮作用。課前，教師可以利用 AI 生成個性化的預習材料；課堂上，可以組織學生討論 AI 提供的解決方案是否最優；課後，AI 可以根據學生的掌握情況推送適合的拓展閱讀。值得注意的是，在引入 AI 的同時，教師更要加強那些體現人類獨特優勢的教學活動，比如通過小組合作項目培養學生的同理心和團隊精神，或者鼓勵學生對 AI 生成的內容進行創造性改編，這些都能幫助學生認識到人類智慧的不可替代性。此外，教師還要善用 AI 提供的數據分析，更精準地把握每個學生的學習狀況，及時為需要幫助的學生提供支持。

當然，AI 在教育中的應用也伴隨著諸多風險，需要我們保持警惕。科技濫用是一個需要被重視的問題，比如學生用 AI 代寫作業。對此，教師可以設計需要實地調研或體現個人見解的開放性課題。數位鴻溝的問題也不容忽視，學校應該確保所有學生都能公平地獲得 AI 資源，避免因家庭條件差異造成新的教育不平等。在心理健康方面，我們要防止 AI 工具過度替代真實的人際互動，定期組織面對面的集體活動，讓學生保持健康的社交能力。同時，也要關注學生可能會產生的科技焦慮，通過討論人類與 AI 各自的優勢，幫助孩子建立自信。

展望未來，我們期待看到更適合教育場景的專用 AI 工具出現。當前的通用 AI 系統雖然功能強大，但存在資訊準確性、文化適配性等方面的局限。教育方面的 AI 應用產品應該經過嚴格的內容審核，需要符合課程標準，並能結合本土文化背景。比如在學習中國歷史時，AI 不僅要提供準確的事實，還要體現正確的價值觀。這需要教育工作者和教育方面的 AI 應用產品開發者密切合作，共同打造真正為教育而生的 AI 解決方案。

在這個科技日新月異的時代，我們必須始終牢記教育的本質。科技再先進，也只是輔助工具。家長和教師的言傳身教、對學生的個性化關懷、價值觀的培養，這些才是教育永恆的核心。讓我們以開放的心態擁抱教育科技創新，同時以審慎的態度引導年輕一代善用科技，培養他們成為既懂科技又有思想的未來人才。我們要用面向未來的智慧，幫助孩子準備好迎接屬於他們的時代。

參考資料：

Chiu, Thomas K. F. 2024. "The Impact of Generative AI (GenAI) on Practices, Policies and Research Direction in Education: A Case of ChatGPT and Midjourney." *Interactive Learning Environments* 32 (10): 6187—6203. https://doi.org/10.1080/10494820.2023.2253861.

Chiu, Thomas K. F. 2025. *Empowering K-12 Education with AI: Preparing for the Future of Education and Work.* Routledge. https://doi.org/10.4324/9781003498377.

Chiu, Thomas K. F., Benjamin L. Moorhouse, Ching S. Chai, and Murod Ismailov. 2024. "Teacher Support and Student Motivation to Learn with Artificial Intelligence (AI) Chatbot." *Interactive Learning Environments* 32 (7): 3240—3256. https://doi.org/10.1080/10494820.2023.2172044.

Chiu, Thomas K., and P. A. Rospigliosi. 2025. "Encouraging Human-AI Collaboration in Interactive Learning Environments." *Interactive Learning Environments* 33 (2): 921—924. https://doi.org/10.1080/10494820.2025.2471199.

生成式人工智能
將助元宇宙發展

李力恒
香港理工大學助理教授

作者簡介

李力恒教授（Paul）是一名專注於虛擬現實（VR）和增擴現實（AR）的計算機科學家，現時在香港理工大學任職助理教授。他在香港大學於 2011 和 2013 年獲得工程學士與哲學碩士學位。於 2014 至 2015 年進入財富 500 強（Fortune 500）企業作管培生負責完善澳中港電子供應鏈管理。其後於 2015 年開始在香港科技大學攻讀 AR/VR 相關的博士學位並於 2019 年以優秀成績畢業。於 2019 至 2020 獲芬蘭奧盧大學獲聘為博士後研究員，負責 AR/VR 在 5G 技術或未來網絡（e.g., 5G Beyond 技術）下設計跨世代的人本計算系統（user-centric systems）。從 2021 至 2023 年，李博士於南韓科學工程排名第一大學 - 有著東方 MIT 美名的 - 韓國科學技術院（KAIST）任職助理教授和創立「增擴現實及新媒體實驗室」（Augmented Reality and Media Lab, Founding Director）。他的實驗室急促發展，在元宇宙領域得到大量關滙，最近發表的元宇宙論文《關於元宇宙需要知道的一切 - 涵蓋技術奇點、虛擬生態系統和研究議程的完整調研》自 2021 年 10 月發表發表以來，在研究行業論文交流平台《ResearchGate》平均每周閱讀記錄超過 2000 次（即一年內達 99,600 次）。被《香港明報》、《香港電台》、《香港信報》、《香港文匯報》、《華盛頓郵報》、法國科技刊物《01Net》、印度最大報章《Hindustan Times》、及多家媒體採訪或報導。李博士在研究方面也紮下堅實基礎，近年在電機電子工程師學會（IEEE）和計算機協會（ACM）的頂級會議發表超過 60 篇有關 AR/VR 的研究成果。由於其研究受同行專家肯定，李博士近年獲邀在頂級會議進行審稿專業服務和舉辦研討工作坊，如 AAAI，IJCAI，IEEE PERCOM，ACM CHI，ACM Multimedia，ACM IMWUT，ACM CSUR，IEEE VR 等等。
同時間，李博士也是一位青年創業家。自 2015 攻讀博士期間，他創立了關於擴展現實的科技公司。他的公司的擴展現實教具受市場肯定，服務超過一百五十家本地學校和高等院校（如香港大學和澳門大學），並獲得各項香港和內地的科技創新類獎項如香港資訊及通訊科技獎、香港工商業獎 2018：創新獎、招商杯前海粵港澳青年創新創業大賽 — 銅獎。在 2018 年間，李力恒接受中國創新創業大賽評審的考核並獲得 2018 江蘇省海外人才創新創業大賽，一等獎以及 2018 江蘇人才創新創業大賽總決賽，三等獎，聯合國發展委頒發最具影響力科技大獎 2020。於 2019 至 2021 年間，他應香港數碼港邀請成為數碼港導師負責為新進的創業項目提供咨詢和培訓工作。此外，李博士致力推動本港科技教育，將 AR/VR/ 元宇宙等先進理論以及實際應用率先推展到各中小學。其優異學生在香港資訊及通訊科技獎 2019 獲得金獎和銅獎、香港資訊及通訊科技獎 2021 獲得金獎以及香港十大傑出少年 2023。

全球元宇宙的發展正面臨「冷卻時刻」，而學術界的注意力亦在 2023 年從元宇宙（即沉浸式網路空間）大幅轉移到 AI 上。而自 2023 年起，產業界的注意力也從元宇宙大幅轉移到的 AI Generated Content（AIGC）上。然而，目前的討論很少探討到 AIGC 與元宇宙之間的關係。我們可以想像元宇宙是一片漆黑的空間，而 AIGC 可以同時提供內容，並滿足使用者多樣化的需求，把這一片漆黑的空間填滿。AIGC 可以防止我們陷入另一個「Web 1.0」的元宇宙時代——外行終端用戶因缺乏創造獨特內容的能力而受困擾。我們擅長在社交網路中發簡訊和拍照，卻難以在虛擬的 3D 空間中編輯 3D 內容。AIGC 是可以納入我們的考慮作為「救星」，讓一般使用者能夠自由地表達自己，而平台或虛擬空間的擁有者仍可將內容創作的任務委託給同儕使用者。因此，AIGC 可以成為元宇宙的重要技術推動力。

作者認為 AIGC 是必須要有的——如果我們想要釋放元宇宙概念中的所有潛力的話。無論誰是領導開發者，都必須以用戶為本去建立元宇宙，而身為用戶，我們所做的一切都會體現在周遭的空間中。領導開發者無權安排我們在網際網路的世界上應該有哪些內容，就像我們在 2022 年的元宇宙中所看到的，其中的虛擬空間是類似辦公室的環境。我們通常會花八個工作小時在實體辦公室，若餘下的八個小時還是花在虛擬辦公室，這是瘋狂的。諷刺的是，除了元宇宙內容庫中給出的標準圖像之外，我們無法用自己獨特的創作來裝飾這樣的辦公室空間。元宇宙的流行趨勢最終還是由使用者來決定。自 2021 年第三季開始進行 Google Image 的搜尋時，可以發現創作者總是以藍色、深色和紫色來定義元宇宙。但我們相信，流行內容的趨勢是千變萬化的。在 AIGC 於內容創作民主化的重要作用驅動下，元宇宙中的每個人都可以決定、（共同）創作和推廣自己獨特的內容。

想像出來的未來網絡空間中，我們可描述出 AIGC、虛擬與實體混合世界以及人類使用者之間的關係。AIGC 是引發內容奇點的催化劑，而元宇宙的內容則會像大氣層一樣包圍著每個人。這創造了一個完整的創造管道，其中 AIGC 是主要的參與者。首先，使用者可以在人類與 AI 的對話（Human-AI Collaboration）中與生成式 AI 模型交談，以獲得靈感。因此，AI 模組會提供第一版的生成內容。然後，它會在內容創作期間支援細微的編輯。一些精確的細節可以由人類使用者手動完成；必要時，可以讓多位使用者協作參與任務。此外，值得注意的是，AIGC 可以指派使用者與虛擬實體互動的屬性，例如，透過在面板上的點擊，相應地，AIGC 驅動的評估將會執行，以了解使用者的表現及其認知負載。最終，內容分享與相對應的使用者互動可以由 AIGC 支援。

為了擴大元宇宙的使用，我們可多考慮 AIGC 與元宇宙的其他可能性。值得一提的是，AI 與元宇宙之間的關係是協同的，兩者在多個方面相互增強和支援。本文將猜想把元宇宙與 AIGC 結合的未來情境。最後，作者為兩類重大科技作出以下的總結，即是它們的關係之關鍵潛在應用：

1. 增強用戶體：AI 可以通過提供個人化內容、自適應環境和智慧虛擬助手，顯著提升元宇宙中的用戶體驗。AI 演算法可以分析使用者行為和偏好，定製更具吸引力和相關性的體驗。

2. 內容創作：AI 可以自動化和簡化元宇宙中虛擬世界和資產的創建。由 AI 驅動的程式生成技術可以快速創建廣闊多樣的環境，減少與手動內容創建相關的時間和成本。

3. 智慧化身：AI 可以為元宇宙中的非玩家角色（NPC）和化身提供動力，使其更具生命力，並能夠與用戶進行有意義的互動。這些由 AI 驅動的角色可以理解自然語言、識別情感並做出適當回應，增強社交互動。

4. 數據分析和洞察：元宇宙會從用戶互動和活動中生成大量數據。AI 可以分析這些數據，以獲取用戶行為、偏好和趨勢的洞察，這些洞察可用於改進服務、精準廣告投放和開發新功能。

5. 安全和管理：AI 可以通過檢測和緩解有害行為（如騷擾或欺詐）來幫助維護元宇宙中的安全環境。AI 系統可以監控互動和內容，標記或刪除不當材料。

6. 互操作性和可擴充性：AI 可以協助管理構成元宇宙的複雜系統和網路，確保其平穩運行並能夠擴展以容納數百萬使用者。AI 可以優化資源分配和網路性能，提高元宇宙基礎設施的整體效率。

7. 可訪問性：AI 可以通過提供語音辨識、文本轉語音和手勢識別等工具，使元宇宙對殘障人士更具可訪問性，從而允許更具包容性的參與。

總而言之，AI 在元宇宙的發展和運營中發揮著關鍵作用，增強其能力，更為「使用者友好」，使用戶可以有更加沉浸、互動性強的體驗。隨著這兩項技術的不斷發展，它們的整合可能會加深，帶來更多創新和變革性的體驗。

生成式人工智能
融入中小學教育的挑戰

江紹祥教授
香港教育大學數學與資訊科技系
電子學習與數碼能力研究講座教授
人工智能及數碼能力教育中心總監

作者簡介

江紹祥教授現為香港教育大學數學與資訊科技學系的研究講座教授，並擔任人工智能及數碼能力教育中心總監。江教授目前擔任國際期刊《Research and Practice in Technology Enhanced Learning (RPTEL)》和《Journal of Computers in Education (JCE)》的主編。江教授在 2019 年至 2024 年皆入選美國史丹福大學教育領域的全球首 2% 科學家名單。江教授現正領導數個為期共八年（2020 年至 2027 年）的人工智能普及認知教育項目，涵蓋香港及法國的高小及初中生、香港的高中學生、大學生、中小學教師及家長和在職行政人員。他是香港教育大學高級管理專業人員人工智能理學碩士 [MSc(AIEP)] 課程負責人。

引言

隨著人工智能技術的飛速發展，特別是生成式 AI 工具的普及，教育領域正迎來前所未有的變革與挑戰。如何將這些強大的新興技術有效融入中小學教育體系，既能利用其優勢促進學習，又不至於削弱學生核心能力的培養，已成為當代教育工作者必須深思的關鍵議題。香港在此領域的教師專業發展尚處於起步階段，及早規劃與思考應對策略，至關重要。

生成式 AI 對傳統教育模式的衝擊

傳統教育強調引導學生主動探究、提問、整合資訊並建立知識體系。然而，以大型語言模型為基礎的生成式人工智能工具，其運作模式與此存在顯著差異。這些工具不再僅僅提供資訊來源供使用者篩選整理，而是能針對具體問題直接生成看似完整、智能程度頗高的答案，無論是文字還是圖像。這種「答案導向」的回應方式，雖然便捷高效，卻也潛藏著削弱學生自主思考與探究能力的風險。

教育的核心目標之一是培養學生有能力提出有深度的問題，並透過追問來深化理解。若學生習慣於輕易地從生成式人工智能獲得現成答案，他們深入思考、慎思明辨地評估資訊、乃至主動發問的動機與機會可能會隨之減少。近期生成式人工智能的發展趨勢，例如能將使用者提出的問題自動拆解、細化為多個子問題並提供選項的功能，看似貼心，實則進一步為學生代勞了本應自行完成的思考與提問過程。這種發展趨勢似乎與教育旨在啟迪思考、培養獨立探究精神的根本目標背道而馳。教育期望培養的是能主動思考、追求答案、解決問題的個體，而非僅僅在生成式 AI 提供的選項中進行選擇的被動接受者。

中小學教育應用人工智能的審慎考量

針對六至十八歲的學習者，其認知與思考能力尚在發展階段，需要大量的鍛鍊機會。若不加區分地將為成年人設計的人工智能工具直接應用於中小學學生，並過度依賴其提供的「支援」，可能會阻礙學生養成基礎的思考能力。教育界必須高度警惕，避免生成式 AI 的「過度回應」剝奪了學生經歷必要思考掙扎、從而建立深刻理解與能力的機會。因此，在中小學的教育場景中應用生成式 AI，必須以學生為中心，確保思考與探究的主導權仍在學生手中。生成式人工智能工具的角色應是輔助而非取代。當生成式人工智能提供的支援超越了學生的實際能力或學習階段所需時，教育者需要創設一個能鼓勵並保障學生有充分思考空間的環境。應提供機會讓學生根據自身的學習情境與需求提出問題、尋找答案。在此過程中，若生成式 AI 可以提供選項或初步回應，學生仍需擔負起整合、評估、深化這些資訊的責任，將其轉化為自身知識體系的一部分。若缺乏對如何在中小學階段恰當運用生成式 AI 工具的深入思考與規劃，將對教師構成巨大挑戰。

結語

為了應對上述挑戰，並負責任地將生成式 AI 融入基礎教育，可以構建一個包含三個核心維度的框架：一、「認識科技」，普及人工智能基礎知識；二、「應用科技」，善用生成式 AI 於教與學；三、「發展元認知」，提升自主學習與思考能力。人工智能為中小學教育帶來了深刻的變革契機，但也伴隨著對傳統教育理念與實踐的嚴峻挑戰。教育界必須採取審慎而積極的態度，以學生的長遠發展為核心，圍繞「認識科技」、「應用科技」與「發展元認知」三個維度，構建系統性的人工智能教育框架。我們需要培養學生不僅懂得使用生成式 AI，更能理解生成式 AI、批判生成式 AI，並最終藉助生成式人工智能成為更具熱情、更具獨立思考能力的終身學習者。這需要教師具備相應的素養與教學策略，引導學生在人工智能時代下，既能駕馭科技，又能保持並發展人類獨特的智慧與判斷力。這是一項艱巨但極其重要的任務，關乎下一代的核心競爭力與未來社會的發展。

AI 在音樂教育中的定位：

永恆的輔助者，或未來的主導者？

楊庭軒
Avery Music Institute 創辦人

作者簡介

楊庭軒先生是一位資深的流行歌唱導師，擁有香港大學教育碩士學位，及多項專業音樂資格，包括聲樂八級，兼具專業的音樂教學能力和豐富的教育理論背景。他致力於推動音樂普及教育，尤其關注基層青少年的音樂發展，堅信音樂才能的培養能夠幫助年輕人突破資源限制，以音樂技能作為生涯規劃，實現自力更生，改變未來。

在社會公職方面，楊庭軒先生積極參與多項社會服務，現任滬港青年會副主席、荃灣獅子會副會長、香港江西青年會榮譽理事、中華總商會青年委員，以及滬港同心演藝菁英實習計劃團長。他通過這些平台推動青年發展，促進文化交流，並組織各類音樂活動，為年輕人創造展示才華的機會。

作為「荃心荃意．聲動人心」音樂計劃的創辦人及大會主席，楊庭軒先生長期為基層兒童及青少年提供音樂培訓和演出平台，旨在發掘他們的音樂潛能，提升香港整體音樂水平。該計劃不僅培養音樂技能，更注重心靈成長，幫助年輕人建立自信，長遠規劃音樂事業。

楊庭軒先生結合教育、音樂和社會服務經驗，持續推動音樂普及化，讓不同背景的學生都能獲得平等的學習機會，以音樂賦能未來。

音樂，作為人類最古老的藝術形式之一，承載著無數文化底蘊與情感表達。它既是一門客觀嚴謹的技藝，需要精準的音高、節奏與力度控制，同時又是一種主觀的審美體驗，充滿著即興、變奏與個人風格的詮釋空間。這種雙重特性使得音樂教育始終遊走於科學與藝術之間，既需要客觀標準的規範，又離不開主觀感受的引導。

近年來，AI 技術的快速發展，特別是機器學習與音訊分析領域的突破，讓 AI 在音樂教育中的應用從科幻走向現實。從最初的簡單節拍器功能，到如今能即時分析演奏，提供個性化反饋的智能陪練系統，AI 正逐步改變學習音樂的模式。然而，這也引發出一個深層次的討論：在音樂教育這個充滿人文色彩的領域，AI 究竟能走多遠？它能否真正理解音樂的藝術本質，還是終將受限於算法的框架？

AI 陪練的技術突破與教學價值

現代 AI 陪練系統的核心優勢在於其客觀性與精準度。傳統音樂教學中，教師依賴個人經驗與聽覺判斷學生的演奏問題，但人類感知存在生理限制。例如，對於音高的辨識，專業音樂人的聽覺敏感度約在 ±25 音分（1 音分為百分之一個半音）左右，而 AI 系統透過頻譜分析技術已能檢測 ±2 音分的細微偏差。這種精確度在樂器調音、音準校正等基礎訓練中具有顯著優勢。

在節奏訓練方面，AI 採用動態時間規整等算法，能精確計算演奏與樂譜的時間差，誤差範圍可控制在 ±5 毫秒以內。這對於培養初學者的節奏穩定性尤為重要。例如，當學生練習鋼琴奏鳴曲時，AI 不僅能指出哪個小節的節奏出現偏差，還能通過可視化的數據展示節奏波動的具體模式，幫助學生更直觀地理解問題所在。

力度控制是音樂表現的另一個關鍵要素。傳統教學中，教師通常使用「強」（forte）、「弱」（piano）等相對性術語指導學生，而 AI 系統如 Yamaha 的 Disklavier 則能將力度分為八個可量化的等級（從 ppp 到 fff），使學生能夠更精確地掌握力度變化。這種數據化的反饋方式，特別適合在自主練習時提供給學生的客觀參照。

更為重要的是，AI 系統能夠長期追蹤學生的練習數據，通過機器學習算法識別錯誤模式。例如，系統可能發現某位學生在高音區常出現音準偏低的情況，或在快速樂段中容易節奏不穩，據此自動生成針對性的練習方案。這種個性化教學在傳統一對多的課堂環境中難以實現，展現了 AI 在提升學習效率方面的獨特價值。

藝術表達的困境：當技術標準遇上美學判斷

然而，音樂的藝術性恰恰存在於那些難以量化的灰色地帶。許多偉大的演奏家和作曲家都有意識地打破技術規範，創造出獨特的音樂表達。例如，爵士樂中的「藍調音」（blue notes）在物理學上屬於「不準確」的音高，卻是該風格不可或缺的靈魂元素；浪漫派鋼琴作品中的彈性速度（rubato）要求演奏者有意識地偏離嚴格節拍，以營造詩意的流動感。

這些藝術處理在 AI 的算法視角下往往會被判定為「錯誤」。一個普羅大眾所熟悉的案例是流行歌手曹格在演唱《背叛》時的獨特處理：他刻意將某些長音的起音唱得稍低，再緩緩滑向正確音高，這種技巧營造出強烈的情感張力。然而，若用 AI 音準分析工具檢測，這種處理很可能會被標記為「音高偏差」並建議修正。同樣地，搖滾歌手蕭敬騰在現場表演中刻意加入的嘶吼與音色變化，雖然不符合傳統聲樂技術標準，卻是其藝術風格的重要組成部分。

更深層的挑戰在於文化語境的理解，不同音樂傳統對「正確」的定義各不相同：印度古典音樂中的微音（shruti）、阿拉伯音樂中的四分之一音、中國戲曲中的「滑音」等，都有其獨特的審美體系。現有的 AI 系統大多基於西方十二平均律開發，難以適應這些多元音樂傳統的細微差別。這不僅是技術問題，更涉及文化認知的核心層面。

AI 在音樂審美判斷上的可能性與局限

面對這些挑戰，研究者正嘗試讓 AI 系統具備更複雜的音樂理解能力——通過深度學習算法分析海量演奏數據，AI 已能初步識別不同音樂風格的特徵。例如，系統可以學習到在藍調音樂中，某些「不準確」的音高實際上是風格標誌；在浪漫派鋼琴作品中，節奏的微妙波動是情感表達的重要手段。

一些前沿研究正嘗試讓 AI 透過分析演奏中的顫音幅度、樂句處理等細節來模擬樂評人的思維。例如，已有計算系統能透過量化表現力參數，區分不同演奏家對巴赫無伴奏大提琴組曲的個性化詮釋。部分模型甚至能將此類分析與主觀藝術評價建立關聯，暗示演算法評估與人類批評可能存在共通維度。

然而，這種「模仿式」學習存在本質局限。AI 可以通過數據歸納出「甚麼樣的作品容易獲得專業好評」，卻難以真正理解「為甚麼」這些作品具有藝術價值。音樂審美涉及複雜的文化背景、歷史傳統和個人體驗，這些都是當前 AI 技術難以完全模擬的人類認知層面。正如著名音樂學家 Leonard Meyer 所言：「音樂意義的產生不僅來自聲音本身，更來自聽者與作品之間的對話。」這種對話的深度與廣度，以至個人化的理解，仍是 AI 難以企及的領域。

未來展望：協作而非取代

在可預見的未來，AI 與人類音樂教育者更可能形成互補關係，而非替代關係。AI 的優勢在於提供客觀、即時、個性化的基礎訓練支持，使人類教師能更專注於藝術層面的引導。例如：在技術訓練階段，AI 可以擔當「永不疲倦的陪練員」，幫助學生建立紮實的基本功。系統能夠二十四小時提供精準反饋，記錄每次練習的進步與問題，減輕教師在重複性工作上的負擔。

在藝術培養層面，人類教師的價值將更加突顯。他們可以引導學生理解音樂的歷史背景、文化內涵，培養個人的藝術判斷力與創造力。特別是即興演奏、作品詮釋等高階技能，仍需依賴教師的經驗與直覺。

更值得期待的是，AI 可能會催生全新的教學模式。例如，通過虛擬現實技術，學生可以沉浸於歷史軌跡的聲學空間，直觀感受不同時代演奏風格的演變；或者與 AI 生成的虛擬大師進行互動，體驗不同流派的教學方法。這些創新不僅不會削弱人類教師的角色，反而可能為音樂教育開拓前所未有的可能性。

結語：人機共生的音樂教育新紀元

音樂教育的本質，始終是技術與藝術、理性與感性的辯證統一。當我們審視 AI 與人類在音樂教育中的關係時，與其將其視為非此即彼的選擇，不如理解為一種相輔相成的共生關係。人類教師的藝術直覺與 AI 的數據分析能力，正如音樂中的旋律與和聲，唯有相互配合才能創造出完整的音樂體驗。

當前技術的限制確實顯而易見：AI 尚難以完全理解音樂中那些微妙的、違反技術常規卻充滿藝術價值的表現手法。然而，這些限制更多反映的是現階段技術發展的瓶頸，而非不可逾越的絕對障礙。隨著神經科學的進步、情感計算技術的發展，以及跨文化音樂數據庫的完善，未來 AI 對音樂藝術性的理解深度很可能會超出我們現有的想像。

音樂教育的未來圖景，既非完全由 AI 主導，也不會固守傳統不變。更可能出現的是一種動態演進的混合模式：AI 系統將持續突破技術限制，承擔更多基礎訓練與數據分析工作；而人類教師則能更專注於培養學生的藝術判斷力與創造性思維。這種分工不是靜態的，而是會隨著技術發展不斷調整邊界。

在這個意義上，我們現階段的認知或許就像十九世紀的人們試圖想像電子音樂的可能性一樣受限。音樂科技的發展軌跡總是超出當代人的預期，從合成器到自動調音軟體，每一次的技術突破都在重新定義甚麼是「可能」。因此，與其斷言 AI 在音樂教育中的終極角色，不如保持開放的態度：技術的可能性是無限的，而人類的音樂創造力同樣沒有邊界。這兩種無限的對話與融合，正是未來音樂教育最令人期待的發展方向。

如何有效利用 AI 進行學與教：

挑戰、實踐與香港經驗

譚永基
八達科技技術總監
資訊科技教育策略發展督導委員會委員
RTHK 2 知識會社 - 依個世界主持
香港大學教育學院校友會榮譽顧問

作者簡介

譚永基先生（Hillman Tam）是一位資深科技專家及教育推動者，現為八達科技有限公司創辦人及技術總監，專注於開發創新教育科技方案，包括電子學習平台、物聯網（IoT）、虛擬／擴增／混合實境（VR/AR/MR）、人工智能（AI）、雲端運算及網絡安全。他致力於為教育及政府機構提供全方位技術支援與專業服務，推動智慧教育的實踐與普及。

譚先生亦積極參與社會事務，現任香港電子學習開發者協會（HKEDA）主席、國際青少年 STEAM 教育協會（IYSEA）董事、教育局資訊科技教育督導委員會成員，並參與多項課程發展及電子教材標準制定工作。他亦曾擔任全國大學生計算機應用創新大賽（香港區）及國際青少年科技奧林匹克大賽評審，並研發 AI 語文評分系統及教育大數據分析平台。

此外，譚永基先生現為香港電台第二台節目《知識會社——依個世界》的節目主持人，透過廣播平台推廣科技與教育議題，促進公眾對創新科技的理解與關注。

近年來，生成式 AI 與大型語言模型以驚人速度發展，幾乎每天都有新工具、新技術問世。從 ChatGPT、DeepSeek AI、QWen 到 Claude、從語音合成到多模態互動，這些技術已不僅是未來的想像，而是正逐步走入日常教與學的場景中。然而，這場變革並不只是一場技術升級，它也帶來了前所未有的挑戰——針對教師、學生、家長、辦學團體及學校管理者而言，如何有效、安全、有意義地使用 AI 成為社會需回應的課題。

AI 應用的五大挑戰：不容忽視的現實

1. 學生的資訊素養與學習倫理

很多教師與家長擔心，學生透過 AI 工具自動生成功課、作文、報告，會讓他們失去思考與理解的過程。部分學生甚至會將 AI 輸出的結果「剪貼」直接上交，造成學習虛浮、認知錯誤但又無從察覺。

2. 教師的監管與教學設計能力

若教師本身對 AI 技術不熟悉，缺乏適當的指導與規範，就無法有效幫助學生判斷 AI 所提供資訊的真偽，甚至可能放任「錯誤知識」植入在課堂之中。

3. 學校與辦學團體的成本考量

現時不少 AI 工具採用訂閱制，若學校希望提供予教師與學生日常使用，相關費用可能迅速累積。此外，資料私隱、法規遵守（如香港《個人資料私隱條例》與《通用數據保護條例》）也是部署 AI 時不可忽視的風險。

4. 家長的觀念與信任落差

有家長擔心 AI 會取代教師，甚至對「機器教學」持保留態度。他們未必了解生成式 AI 實際是教學輔助工具，並非知識來源本身。

5. 系統化整合與本地化不足

多數 AI 模型以英語為主，未必適應香港雙語教學的需求。若未針對本地課程與教科書作微調，AI 難以提供有價值的教學回饋。

從技術選型到教學整合

為有效應對上述挑戰，我們需要在 AI 應用上建立更具策略性的框架：

1. 運用微調與 RAG 框架實現本地教學適配

我們可以透過「檢索增強生成技術」（Retrieval-

Augmented Generation, RAG）與模型微調，把本地教科書內容加入模型中，使 AI 對香港課程內容更熟悉，生成回應也更準確有據。

2. 利用本地部署伺服器減省成本與提升合規性

筆者自行實踐以 Apple Mac Studio（M3 Ultra）架設本地大型語言模型伺服器，成功支援 DeepSeek AI 671B 等大型語言模型，在無需 NVIDIA GPU 的前提下實現低成本、高私隱的部署方式。對中小學而言，這樣的方案更為可行，也避免跨境數據傳輸的風險。

運用更便宜的方法來使用大模型

Mac as Private AI

3. 建立 AI 素養課程與使用守則

除了技術部署，學校必須配合資訊素養課程，讓學生學會如何正確使用 AI、查證資料真偽、理解生成內容的局限與偏誤，甚至反思科技與倫理的邊界。

教學現場的 AI 實踐：香港兩所學校的案例

案例一：A 小學

這所學校透過 iTeach® 與 Octave ™平台，結合 RAG 架構與教師自定義資料，建立了多款聊天機械人，包括英語文法導師、中文閱讀練習機械人等。

功能亮點包括：

- **英語科**：學生在使用聊天機械人時，AI 不僅檢查語法是否正確，還會根據學過的知識點進行錯誤回溯與微調。例如學生輸入「I played computer at home」時，AI 會講解一些例子或準則教同學如何修改這句句子，並解釋其原因。在下圖中亦看到同學和 AI 傾談一些不相關的事項時，AI 會循循善誘去引導回學生學習相關的知識。
- **中文科**：AI 能根據學習重點自動生成課文理解題，並在學生作答錯誤時提供精準講解。這種即時互動型學習方式，特別對 SEN（Special Educational Needs，特殊教育需要）學生有明顯幫助，他們可在無社交壓力下與 AI 互動，漸進式提升表達與理解能力。

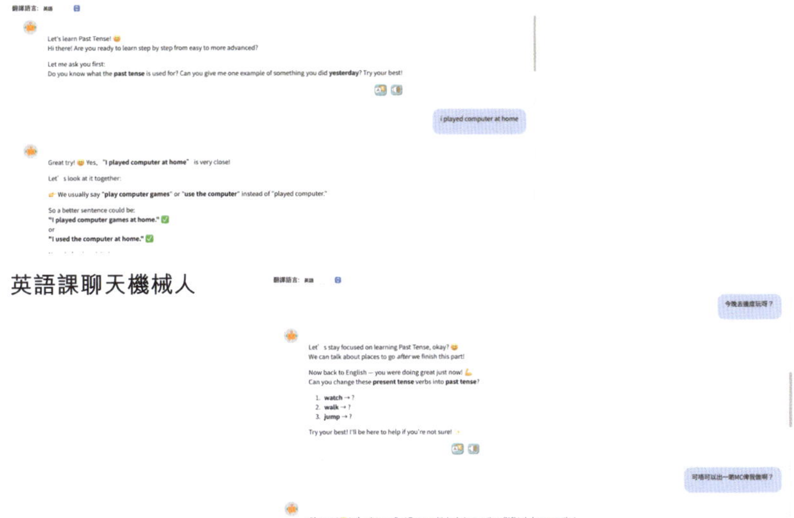

英語課聊天機械人

辨識同學説一些不相關的事情，引導學生返回學習

所有的 AI 回饋都是根據教師給 AI 的框架中作回應，這樣可減少錯誤，更有效針對學生學習需要的學習重點。最後同學需要提交交談記錄，AI 會跟據教師所輸入的評分標準及分析來評估學生與 AI 學習的情況，最後給教師報告。教師收到報告後，就可以跟進學生的學習需要，再調整課堂。

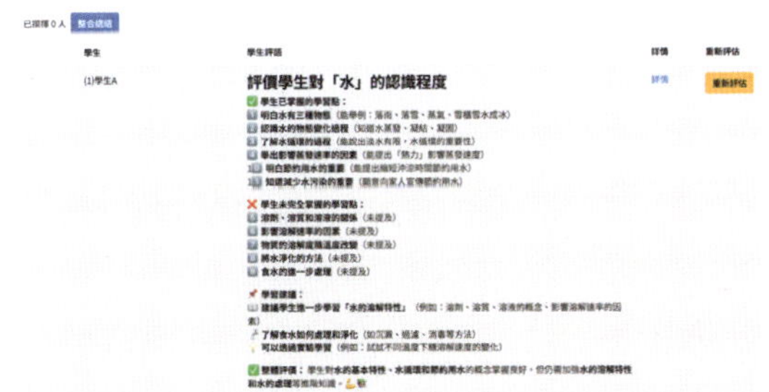

根據老師所輸入的分析準則來分析學生與 AI 交談的學習評估

案例二：B 中學

B 中學積極運用 iTeach ™平台的演講稿模組，利用 AI 技術提升學生在普通話及英語的表達能力。這一模組是專門幫助學生提高演講技巧，學生再提交演講稿後此模組會進行評分，同時結合普通話朗讀測試，實現語言學習與評估的自動化與個性化。

普通話演講與朗讀測試的 AI 應用：

1. **演講稿提交與 AI 評分：**

在這個模組中，教師會先設立一個演講稿活動，並將評分準則及標準上載到平台。學生根據活動要求提交自己的演講稿。AI 會根據教師設置的評分準則，對演講稿進行自動評分。評分項目包括：內容的完整性、條理性以及表達情感的準確性等。這樣的評估不僅幫助教師節省時間，還能確保每位學生的表現都得到公平且客觀的評價。

2. **普通話朗讀測試與語音合成：**

提交的演講稿將會觸發普通話朗讀測試。平台會將普通話音標添加到演講稿中，並要求學生根據音標進行朗讀。這一步驟能夠幫助學生正確發音，特別是對於母語是非普通話的學生來說，有助於他們理解每個字的正確拼音和聲調。

3. **AI 語音辨識與評分：**

學生完成朗讀後，AI 會根據國家普通話測試標準對其朗讀表現進行評估。這些標準包括語音準確性、聲調的正確性、流暢度及語速等。AI 系統會提供詳細的反饋，幫助學生了解自己在普通話朗讀方面的優勢與不足之處，並針對性地推薦改進措施，如某些聲調的練習或語音流暢度的提升。

演講稿提交與 AI 評分

AI 普通話評分

英語學習的 AI 應用：

在英語學習方面，該學校也充分利用 iTeach ™平台進行語音與寫作評估。AI 會自動對學生提交的英語演講稿進行語法、語調及邏輯結構的評分，並給出具體的改進建議。此外，語音辨識技術還幫助教師檢測學生的發音是否標準，尤其對於有「粵語腔英語」口音、發音偏差的學生，AI 系統會提供具針對性的糾音訓練，幫助學生改善發音問題。其優勢亦在於：

- **教師減輕工作負擔**：AI 技術的自動化評分能顯著減輕教師的工作量，讓他們可以更多關注學生的個別需求及學習進展。
- **即時回饋**：學生能夠在提交演講稿後迅速收到 AI 的評分與反饋，從而立刻了解自己在表達、內容組織等方面的表現。
- **提升普通話學習效果**：學生在進行普通話朗讀時，能通過 AI 提供的即時語音回饋進行精細化學習，幫助他們迅速掌握發音規則及語調要點。
- **多語言學習同時進行**：學校運用同一平台進行普通話及英語的學習和評估，實現了語言學習的協同發展。

總的來說，此中學的 AI 應用案例，不僅提升了學生普通話與英語的學習效果，還促進了教師教學的效率與質量。這樣的創新性應用展示了 AI 如何幫助學校提升語言學習的精準度，並為學生提供更靈活、個性化的學習經歷。

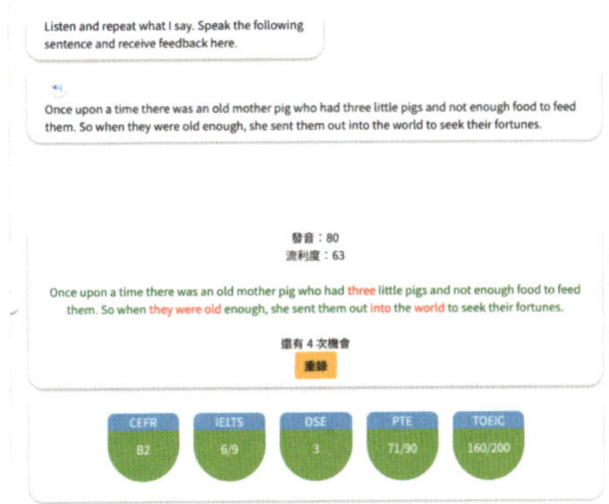

英語 Read aloud 評分

AI 如何提升教師效能與創造力

教師並非AI的對立者，而是AI教學設計的核心使用者。在本地多所學校中，教師使用 AI 製作：

- **自定義練習題**：透過提示詞生成針對不同年級、程度、學習目標的練習題。
- **錯誤分析報告**：AI 自動歸納學生常犯錯誤，讓教師更快制定補教策略。
- **多模態教材**：AI 協助生成圖片、影片與互動式模擬情境，增加課堂趣味性。
- **簡易應用程式**：教師可透過 AI 協助生成 Python/HTML 程式碼，製作練習小遊戲或學習應用程式。

這種由 AI 輔助的教學模式，不僅釋放教師創造力，也讓個性化學習真正落地。

結語：推動教育 AI 發展

AI 不是替代，而是放大教師的設計能力、學生的學習動力、教育公平的可能性。然而，若無制度性的引導與框架性監管，這些潛能可能反成風險。因此，我們應從三方面推動未來發展：

1. **政策層面**：制定 AI 課堂應用準則，普及 AI 素養教育，保障資料私隱與算法透明。

2. **技術層面**：鼓勵本地大型語言模型研發與部署，建立共享平台促進教學工具開源協作。

3. **文化層面**：重視人與 AI 共舞的價值觀，強調教師在科技時代中不可取代的角色。

在這場 AI 驅動的教育轉型中，香港的實踐正逐步交出一份兼具效率、倫理與本地化的答案——讓技術不只是冷冰冰的演算，而是成為每位學生學習旅程的同行者。

生成式人工智能

在中國語文教育中的角色與功能

羅嘉怡
香港大學教育學院助理教授

作者簡介

羅嘉怡教授，現任香港大學教育學院助理教授、雙學位課程總監、博導；印尼教育大學語言和文學教育學院的兼任教授；Learning and Instruction 及 CASLAR 的編委成員；曾任香港大學教育學院助理院長（知識交流）、荷蘭奈梅亨大學社會科學中心榮譽教授、香港教育局課本評審委員會（小學）和樂施會計畫及政策倡議委員會委員。研究針對中文作為母語和第二語言的創新教學法和學習動機，對象涵蓋幼稚園至高中學生。近年研究集中應用生成式 AI 科技和戲劇教學法促進語言及跨學科的學習、腦認知與中文學習等；曾領導多項大型研究，獲經費逾一億港元，參與的幼小中學超過三百五十所、師生逾三萬人。發表論文逾七十多篇（見於 Learning & Instruction、System、Language Policy、Asia-Pacific Education Researcher 等期刊），並出版書籍、手機應用程式（mLang）、生成式 AI 輔助中文寫作自學與評改系統（mAI Mind）等；研究成果獲教育局編成課程補充指引、評估工具，並獲大學科技初創企業資助計畫資助成立社企，持續推動科技輔助語言教學的發展。

一、前言

2023 年 OpenAI 推出 ChatGPT 4，迅即風靡全球。它能模仿人類通過文字與用家對話，還能應付複雜的文字處理工作。教育界對生成式 AI 既覺憂慮，又感興趣。一方面，教師們憂慮學生倚賴生成式 AI 做功課，學習走「捷徑」，或從生成式 AI 學習了錯誤資料，因而希望限制學生使用。另一方面，他們卻對生成式 AI 的強大功能甚感興趣，樂於把刻板而勞累的工作「外判」給它，例如起草通告、撰寫會議紀錄、生成不同程度的教學材料、批改學生的作文和論文等，並期待科技進一步發展，可以卸下更多重擔。

我認為不宜將創新科技的優點和缺點兩極化。若我們能適當運用科技，甚至「指引」科技的發展，可以實現以往較難做到的「人本課程」、「個人化」學習進程和指導，突破學生的學習瓶頸，「加速」發展他們自主學習的能力和態度，全面提升學習表現。

二、科技與中國語文教與學的結合

過去十年，本人跟團隊研發結合創新科技和教學法的中文讀寫教與學和評估系統——「mLang：鷹架學習系統」和「mAI Mind：AI 輔助自主學習中文作文評改平台」，並嘗試用大數據，建構中文科教學評的生態系統。

「mLang：鷹架學習系統」的目的是建構學生的語文能力，採用後向式「課程調適設計模型」，先分析單元預期學習成果中的語文元素，從大（文章結構）至小（詞彙）羅列出來。然後，指導學生由小至大、循序漸進地建構更高層次的語文能力。

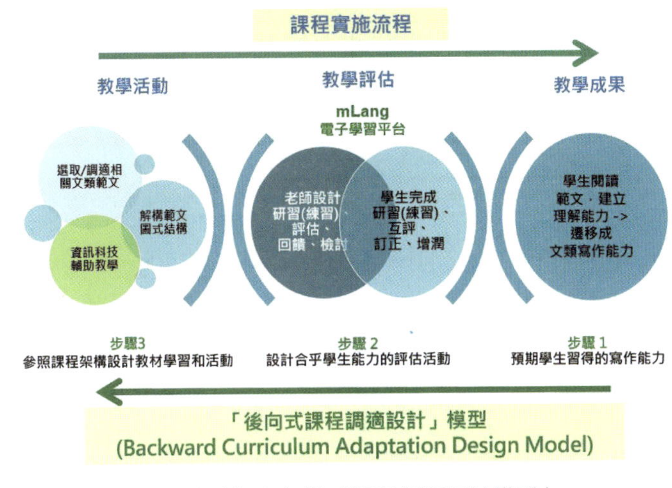

後向式課程設計「課程調適設計模型」
（Curriculum Adaptation Design Model）

mLang 提倡「四階三步鷹架教學法」，教師按學生能力指派「進程架構」內不同難度的任務，由依賴逐步過渡至自主學習。既確保每位學生的需要都被照顧到，又能調動他們的生活經驗和興趣，帶進正規的課堂學習，由被動學習變為主動學習，不但打破課本的封頂效應，還能拓闊學習空間（羅嘉怡等，2019；2020；Loh, 2024）。

mLang®四階三步鷹架教學法

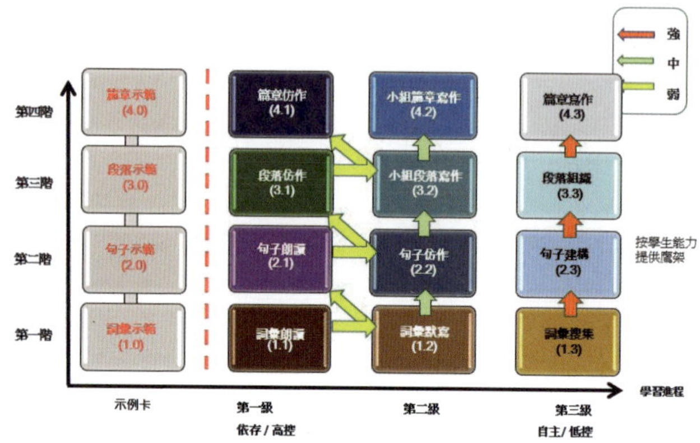

「四階三步鷹架教學法」

此外，學生可以借助科技用多模態（Multimodal）形式提交課業，克服表達困難。教師亦能在各學習階段診斷學生的學習需要，把握教學時機，及時提供個人化的指導（Loh et al., 2020），務求學生的學習困難能及早解決。

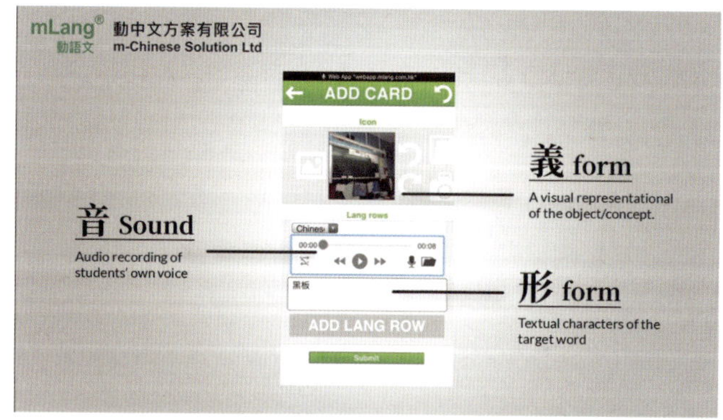

mLang 卡示例

由此可見，科技發展若能結合教育理論和教學法，不但能配合中文教與學的常模，還能減輕教師照顧學習差異的重擔，輕鬆地設計「班本」或「人本」課程（Loh, 2024; Loh & Tse, 2019）。我們的追踪研究數據顯示運用 mLang 學習的學生，能高效、愉快地學好中文，當中又以説寫的進步幅度最顯著。分析發現學生們製作的 mLang 卡內容，百分之六十來自課本以外，體現了自主學習的精神（Loh, 2024）。

mLang®「讀寫結合」教學流程

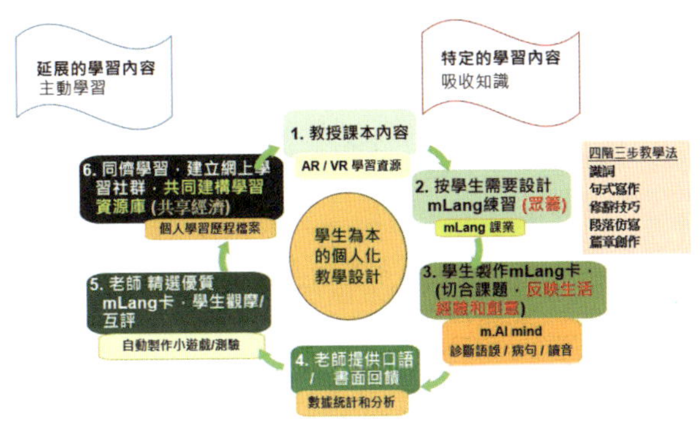

科技輔助讀寫結合的教學流程（羅嘉怡等，2020）

截至 2024 至 2025 學年，mLang 已服務超過 124 所中小學校和非正府機構，接近 22,000 位師生。自 2020 年起，mLang 亦已應用到英文科的教與學（羅嘉怡等，2020），成效同樣顯著，學生們製作的中英文 mLang 卡已超過 35 萬張。

三、生成式 AI 與中國語文寫作教學的結合

隨著 ChatGPT 的出現，我們於 2023 年底推出「mAI Mind：AI 輔助自主學習中文作文評改平台」，希望借助生成式 AI 能處理複雜文字任務的優勢，為寫作教與學的難點尋找出路。

mAI Mind 並非直接使用生成式 AI 的分析功能，我們乃根據文類理論（岑紹基，2010）、香港中小學中國語文科的課程目標和學習範圍、考評局的評改標準，寫作思維過程（謝錫金，2020）和寫作動機理論（Swain，2013）而設計，加上我們開發的專家知識庫，確保系統的表現是專業並符合香港的語境。

mAI Mind 在寫作教與學的應用可以分為兩方面：輔助教師教學，促進學生自主學習。

教師方面，mAI Mind 能按寫作題目和要求，生成不同難度的篇章作為教學材料。由於篇章結構具備相關文類的典型特徵，教師向學生講解當中的語文元素時更得心應手，學生應用遷移也更容易。

其次，mAI Mind 有系統地記錄學生每一篇作文的稿子，每次獲得生成式 AI 所提供的寫作建議或回饋，並檢視學生做了哪些修訂。每位學生有專屬的電子學習歷程檔案，教師能隨時檢視以掌握其寫作狀況，及時提供學習指導。

mAI Mind 能根據不同的評改標準批改作文，並生成評改報告，分析學生的強弱項和改善建議。教師可修改報告內

容，下載成為書面報告，作科組討論或家長課後跟進之用。

學生方面，mAI Mind 不能為學生生成篇章，但能按教師預設的寫作題目和要求，生成寫作建議。學生不需學習寫提示詞都能與生成式 AI 互動。

此外，系統內置「光學字元辨識（簡稱 OCR）」功能，學生給作文拍照就能轉化為電子檔並上傳到 mAI Mind，以獲取回饋和改善建議。同時，回饋的用語是在學生的理解範圍之內。

我們在課堂上觀察學生應用 mAI Mind 時，發現他們很雀躍地互相觀看對方的評語，思考修改的方法，務求優化後的文稿能獲得較高的評分。這種活潑和積極的氣氛，挑戰自我和追求卓越的態度，在過去的寫作課堂中是較難看到的。部分學生自行修改四次、六次後才交給教師；不經不覺就衝破了學習的瓶頸。問卷調查亦發現他們的寫作態度和動機於極短時間內（兩節課）已有顯著提升，有意識地運用多樣化的詞語表達想法。

學生們於訪談時表示生成式 AI 就像一個小伙伴，隨時隨地給予學習上的援助，增強他們對寫作的信心。我相信師生若能堅定持續地使用 mLang 和 mAI Mind 兩個系統 ，將能提升學生整體的中文能力和學習態度。

四、應用大數據指引中國語文教與學的方向

學校每天都產生大量數據，若能有系統地收集、整理並

分析，將對教師掌握學生的學習進度、診斷學生的學習困難和需要有莫大幫助。教師的工作變得像專科醫生一樣，根據特定目的和指標持續「監察」學生的學習狀況。若數據偏離「健康水平」，可即時提醒給予學習建議，達到「預防勝於治療」的效果。

因此，mAI Mind 系統已為收集和應用大數據作準備。教師能要求系統比較某一寫作課題，全班學生第一次和最後一次作文的分數，分析前後變化和強弱項，曾提供的改善建議等，亦能查看個別學生的分析結果。教師既能掌握全體學生的狀況，又能兼顧個別同學的需要。教師可以生成適合學生學習的範文示例供延伸學習之用。

本系統不但能減輕教師的評改和調適教學材料的重擔，而且能提高教學和評講的聚焦性和深度，為寫作的教與學開創新路徑。

五、結語

日常生活上應用生成式 AI 的機會越來越多，範圍亦越來越廣，限制學生使用是不切實際的想法。幫助學生建立正確使用創新科技的態度和技能，讓他們在「可控和安全」的環境下學會跟生成式 AI 互動是未來的大趨勢。

我認為生成式 AI 不會取代教師的工作，它不認識我們的學生，也不能給他們親切的關懷和鼓勵。然而，不懂得運用生成式 AI 以促進教與學效能的教師，則有可能被取代。我們的任務是為未來社會培育人才，教學評的模式必需更新以適應時代的步伐，確保學生有良好的競爭力。只要我們持守教育的初心、充分考慮學生的需要和中國語文科的特質，創新科技將成為我們的助力，走出一條適合我們的新路向。

參考文獻：

岑紹基。(2010)。《語言功能與中文教學》。香港：香港大學出版社。

羅嘉怡、辛嘉華、祁永華、劉文建（2019）。〈「動中文 mLang」教學法：以移動科技輔助中文作為第二語言學習〉。見羅嘉怡、巢偉儀、岑紹基、祁永華（編著），《多語言、多文化環境下的中國語文教育：理論與實踐》，頁 137-150。香港大學出版社。

羅嘉怡、劉國張、蔡鎔如、李建安（2020）。《動語文 mLang 教學的理論與實踐手冊》。香港：動中文方案有限公司。

羅嘉怡、謝錫金（2019）。〈照顧非華語學生的學習差異：進一步探索分層課程的理論、發展與實踐〉。見羅嘉怡、巢偉儀、岑紹基、祁永華（編著），《多語言、多文化環境下的中國語文教育：理論與實踐》，頁 33-448。香港：香港大學出版社。

謝錫金（2020）。《中國語文綜合高效寫作教學法：理論篇》。香港：香港大學教育學院。

Loh, Elizabeth K. Y. 2024. “Sharing Economy in the CSL Classroom: mLang - A New Approach of Using IT to Assist Second Language Learning.” In Supporting the Learning of Chinese as a Second Language: Implications for Language Education Policy, edited by Joseph Lo Bianco, Elizabeth K. Y. Loh, and Mark S. K. Shum, 271—309. Springer.

Swain, Merrill. 2013. “The Inseparability of Cognition and Emotion in Second Language Learning.” *Language Teaching* 46 (2): 1—13. https://doi.org/10.1017/S0261444811000486

AI 與數字教育：跨領域的同創共學

作者：何嘉琪　孫芷珊　林詩琦　周華　高樂詩　黃松安　蕭欣浩　崔景恒　黃麗芳等

顧問：釋衍空法師　馮順寧　黃健威

策劃：周晟　黃民杰

編輯：劉倩婷

設計：三原色創作室

出版：聯合電子出版有限公司

香港長沙灣永康街 77 號環薈中心 1011 室

電話：2597 8415

傳真：2529 8388

電郵：info@suep.com

發行：香港聯合書刊物流有限公司

香港新界荃灣德士古道 220-248 號荃灣工業中心 16 樓

電話：2150 2100

傳真：2407 3062

電郵：info@suplogistics.com.hk

印刷：美雅印刷製本有限公司

地址：九龍觀塘榮業街 6 號海濱工業大廈 4 字樓 A 室

電話：2342 0109

版次：2025 年 7 月出版

ISBN：9789888909391